Psychoanalytic Case Formulation

精神分析案例解析

[美] 南希·麦克威廉斯（Nancy McWilliams） 著

钟 慧 等 译／李 鸣 审校

中国轻工业出版社

图书在版编目（CIP）数据

精神分析案例解析/（美）麦克威廉斯（McWilliams, N.）著；钟慧等译. —北京：中国轻工业出版社，2015.2（2025.10重印）

ISBN 978-7-5019-9895-1

Ⅰ.①精… Ⅱ.①麦… ②钟… Ⅲ.①精神分析－案例 Ⅳ.①B84-065

中国版本图书馆CIP数据核字（2014）第199071号

版权声明

Copyright © 1999 Nancy McWilliams
Published by arrangement with The Guilford Press, A Division of Guilford Publications, Inc.
ALL RIGHTS RESERVED

责任编辑：孙蔚雯　　　　　责任终审：杜文勇
文字编辑：罗运轴　　　　　责任校对：刘志颖
策划编辑：阎　兰　　　　　责任监印：吴维斌

出版发行：中国轻工业出版社（北京鲁谷东街5号，邮编：100040）
印　　刷：三河市鑫金马印装有限公司
经　　销：各地新华书店
版　　次：2025年10月第1版第16次印刷
开　　本：710×1000　1/16　印张：16
字　　数：192千字
书　　号：ISBN 978-7-5019-9895-1　定价：78.00元
读者热线：010-65181109
发行电话：010-85119832　　010-85119912
网　　址：http://www.chlip.com.cn　　http://www.wqedu.com
电子信箱：1012305542@qq.com
版权所有　侵权必究
如发现图书残缺请拨打读者热线联系调换
251884Y2C116ZYW

编辑的话

南希·麦克威廉斯博士的心理治疗著作，受到全球几十个国家的心理治疗从业者的认可，至今已被翻译为33种语言，被广泛用于精神分析及心理动力学治疗师的培训及督导。2004年，《精神分析案例解析》的中文版出版后，立刻成为国内心理治疗培训的公认优质教材。十年后，她的另外两本著作《精神分析治疗：实践指导》和《精神分析诊断：理解人格结构(第二版)》亦翻译出中文版，由此三本著作的精装版本共同出版，希望为心理治疗领域的学习和工作者们提供便利。

中文版再版序

《精神分析案例解析》的精装版距初版平装本已有 10 个年头了，这 10 年间此书畅销的程度令人惊喜。在此书翻译之初，我们对书的内容充满信心，而 10 年间此书在心理治疗培训中的使用使我们对它有了更多的认识。这一成果也印证了初版序中的初衷。

南希博士深厚的教学功底和扎实的临床实践经验使此书能深入浅出、循序渐进地将精神分析理论的动力学诊断思想，通过不同的临床视角，融入咨询师的日常工作实践中。这一形式特别适合我国目前精神分析治疗案例督导培训的需求，能有效地帮助学员将理论与实践相结合。

本书在许多督导培训中被选作教材（在美国及其他国家也是如此）。我在培训教学中常将书中的案例分析要素分为八次讲习教案，并将八次讲习分为三个单元。第一单元：心理发育、防御方式、认同评估，这三讲内容分别需要应用精神分析基本理论中的性心理发育阶段、防御方式种类、客体关系理论。第二单元：情感评估、关系评估，情感和关系是咨询时最常见的求诊原因，这二个现象也可理解为发育阶段、防御方式和个体认同的综合表现，后三者的评估有助于理解个体的情感和关系的来源和组成。第三单元：自尊、病态信念、不可改变因素的评估，自尊评估涉及存在 - 人本主义的许多思想，病态信念评估涉及认知行为主义的核心概念，而不可改变因素

的评估则提示咨询师应尊重来访者的"固有因素",加强与教育、医学、社工、社会机构人士的合作与转介。

好的教学始于好的教材,《精神分析案例解析》是一本适合精读、查阅的好书,尤其对于提高读者的精神动力学诊断的能力很有帮助。我的许多学生对这本教材反复阅读,在案例讨论时反复查阅。有人为了保存本书甚至把书包上封纸或塑膜,而此精装版本的推出,能满足读者们的需要,方便保存和收藏。

李 鸣

2014年8月于苏州

初 版 序

此书的翻译缘于一次聚会。2003年冬，参加北京精神分析心理治疗师培训班的几位中方教员，与"万千心理"图书总策划石铁及编辑李峰见面，共同商定如何选择翻译精神分析原著，并不断向国内人士推荐此方面的优秀著作。他们带来了一些原著以及设想：希望能有针对性地出版一批对心理治疗培训、对国内治疗师培养均有帮助的译作。从众多的书籍中，我们几位一下子被美国南希·麦克威廉斯的《精神分析案例解析》一书所吸引。

这是一本系统介绍初始访谈过程及理论依据的书籍，是从精神分析理论角度分析案例的不可多得的好书。全书共十章。第一、二章着重介绍了精神分析取向的心理治疗中，治疗师对患者的理解在治疗各阶段的重要性，也介绍了作者本人作为一名执业治疗师的治疗设置和访谈特点。之后的八章中，分别介绍了案例分析的要素，即：评估患者的气质、心理发育、防御方式、情感状况、认同倾向、关系模式、自尊需要和病态信念。每一章中，分别对要素的定义、相关研究、评估方法、评估意义作了深入浅出的阐述。通过丰富的临床例证，引导读者逐渐理解和认识动力学案例分析的方法，并进一步理解动力学分析指导下治疗方案的制定、治疗目标的选择以及动力学分析与治疗关系的相互影响。显然，上述内容，对于初涉精神分析心理治疗园地的学习者是何等重要，正如美国新泽西州立大学的乔治·阿特伍德先生所言:"该书将是该领域最重要、使用最广泛的书籍。"

此书的另一特点是,具有扎实精神分析理论基础的作者综合了精神分析理论不同学派的研究成果,使许多临床现象能从精神分析的不同层面得到较为满意的解释。更为难能可贵的是,作者还将认知行为主义和存在人本主义贴切地融入案例分析要素的各章中,这也反映出作者在心理治疗理论方面融会贯通的大家风范。

我们不难看出,此书的出版符合出版社的初衷,因为它适合于任何一位对心理治疗这一领域感兴趣的人士,当然,对心理治疗师的培训,提高治疗师理解当事人的能力,此书无疑是再恰当不过了。

此书将有助于精神分析理论取向的治疗师进一步了解初始访谈中案例分析的要点,如何将精神分析理论与临床实践紧密结合,并不断锤炼动力学分析的能力,此书也有助于其他理论取向的心理治疗师从该书中强调的理解当事人的各种方法中获益,并把这种理解应用于他们自己的理论框架中去。同时,此书还有助于重视描述性诊断的精神科医生从该书中强调的释义性、直觉性分析方法中得到启发。

原著行文流畅,读着使人赏心悦目。本书的译文也在理解原文的基础上,尽量保持原著的这一特点。当然,能否达到这一目的,需由读者来判断。

李 鸣
2004年春于苏州

译 者 序

我曾参加过一个精神分析培训班,印象极为深刻的是培训班成员对精神分析取向心理治疗的热情,然而,我感到大家对资深分析师究竟如何在精神分析框架内认识患者、分析患者总是困惑不解。南希·麦克威廉斯的这本《精神分析案例解析》恰恰回答了这一问题,该书从八个方面逐步引导读者认识如何形成一个动力学的案例分析,并利用获得的信息来指导治疗决策,无论对初学者或治疗师,都是一本获益良多的教科书。

本书的翻译工作由下列人员完成:钟慧(第一至二章、导言、结束语)、汤臻(第七至八章)、张莉娟(第五至六章)、叶红萍(第四章、第九章)、王海芳(第三章、第十章),书中各章的初稿由本人统一审核、统稿。而全书的译校工作则由我的导师李鸣教授完成,由于他严谨的治学态度及渊博的精神分析专业知识,使译文既保证基本符合原意,又尽量反映出原著文笔优美的特点。囿于译者的学识和水平有限,译文难免有误,望读者谅解,并不吝赐教。

钟 慧

2004年春于苏州

前　言

我第一次听说"动力学分析程式"（dynamic formulation）这一名词，是有一次我的督导要求我试着对一案例做出动力学层面上的剖析和组合，我当时立刻变得无所适从。我模糊地知道督导要求我做什么——也就是设想患者的症状、心理组分、人格类型、个人史及目前境遇如何互为因果、有机地整合在一起，并最终形成结论——但是，我脑子里却一片空白，不知该从何入手。这使我进一步认识到心理诊断之释义性、整合性及艺术性的一面。在这之前，我所受的职业训练很少鼓励我在工作中运用推理的方式，凭借直觉提升自己的创造力，很少倾心感受另一个人的内心世界，并根据患者独特的主观体验来理解他所遭遇的痛苦，而常常是依据程式化的、"客观的"诊断标准来对他们进行诊断。和大多数学生一样，我也很擅长记忆客观资料，照本宣科，寻找足够的"依据"以证实或排除一个标准的疾病诊断名称，但是"动力学分析"却与此截然不同，因此这一要求对我原有的知识结构产生了很大的冲击。

大多数人和我一样，都是通过师从督导而学会对案例的心理动力学分析的，督导不仅应擅长案例分析，还应能言传身教，证明对案例的理解越透彻，治疗就越有效。对于能否在此书中将这种创造性的、情感投注的过程表述得淋漓尽致，我并没有绝对的把握。在此之前，我也不能完全确定，我的

《精神分析诊断》(*Psychoanalytic Diagnosis*, McWilliams, 1994)一书对分析式的诊断能否卓有成效,结果是,我却不断收到从学生和治疗师反馈而来的信息,称我书中的论点对他们很有帮助。因此,当编辑指出,我在《精神分析诊断》一书中反复强调敏锐地评估患者人格结构的重要性,但对于如何才能达到这种境界却只作了简单的脚注时,我就开始思考,如何用文字来表达资深的心理动力学治疗师看待患者的方式。

诚然,心理动力学治疗师并非简单地以美国精神病协会在精神障碍诊断与统计手册(DSM)上编纂的"疾病"标准来分析案例。而且他们确信,即使是DSM-IV的作者们也对"疾病"分类的局限性了如指掌,尤其从临床医师而非从实验研究者的视角来考虑问题时更是如此(美国精神医学协会,1994,p.XXV)。作为一名优秀的治疗师,他必须能从情感上感知个体的复杂性和整体性——既脆弱,又强壮;既异常,又健康;既迷惘,又坚强,虽身处逆境却闪烁出惊人的理性和智慧。

我以前写的《精神分析诊断》一书论述了人格结构对治疗的意义。然而,评估患者的人格类型仅是影响治疗师决定如何展开治疗的因素之一。我们还需了解什么刺激导致患者在这个特定的时刻向我们求助,他/她在无意识层面如何看待这些刺激,以及何种特定背景使他/她对这种应激具有易感性。我们还要了解患者的年龄、性别、性取向、民族、种族、国籍、教育背景、躯体病史、既往治疗史、社会经济状况、职业、生活环境、责任状况及宗教信仰与他们的求诊病况有何关联。此外,我们要询问患者的饮食习惯、睡眠习惯、性生活史、吸毒史、娱乐消遣方式、兴趣爱好及个人好恶。最后,我们将上述信息按前后因果联系起来,帮助我们能够了解患者及其异常心理,而且从中得出适用于患者的建议及帮助我们与患者建立治疗关系(见Spence,1982)。因此,与我上一本有关诊断的书不同,本书不仅涉及DSM轴Ⅱ的那些心理因素,而且还涉及轴Ⅰ、Ⅲ、Ⅳ、Ⅴ及其他领域的相关内容。

本书更多地论述了诊断的过程而非结果。尽管已有许多关于如何进行初始访谈的优秀书籍（MacKinnon & Michels，1971；Othmer & Othmer，1989），而且近来又有几本阐述各种人格诊断或人格障碍的著作问世（Akhtar，1992；Millon，1981；Kernberg，1984；Josephs，1992；Benjamim，1993；Johnson，1994），但我知道，并未有多少入门书籍涉及治疗师如何处置诊断性访谈中丰富的信息——如何据此既能做出诊断同时又符合动力学式的分析。保尔·普鲁斯（Paul Pruyser）的访谈指南是一个著名的特例，他在1979年不仅描述了以心理动力学为指导的访谈过程，而且还以雄辩的事实维护了它的重要性。20年来，无论是精神分析还是整个人类文化都已发生了巨大的变迁。目前，快速、非推理性诊断的应用日益广泛，心理动力学分析对于我们这些从事心理健康工作的人来说，可能比以往任何时候都显得更为重要，它可以时时提醒我们牢记：试图了解一个人及其心理问题是多么的复杂与微妙。

我希望本书对任何有志成为治疗师的人都有所裨益，而不管他们从事的领域是精神病学、心理学、社会工作、咨询、教育、护理、精神分析、关系咨询，或是运用视觉艺术、音乐及舞蹈的表达性治疗。我希望本书不仅能让治疗师了解如何发展并锤炼动力学分析能力，而且还能阐明构成精神分析主流的各种知识的价值，并希望能以此为我的同事和学生提供支持，使他们能经受住当前由市场驱使的、对于渐进而持续的精神卫生保健服务的冷嘲热讽。社会需要心理治疗师坚持服务的职业规范，抵御经济压力而不懈追求对患者的理解，以及保持这种缘于追求而引起的对患者深深的同情。

目　录

导　言 ·· 1
　　关于主观性/投情性 ·· 2
　　关于做一名世纪之交的治疗师与心理治疗教师 ·································· 4
　　关于本书结构 ·· 7
第一章　**案例分析与心理治疗的关系** ·· 9
　　基本目的 ·· 11
　　传统精神分析治疗的目标 ·· 12
　　案例分析更多是为了治疗而非研究 ·· 25
　　小结 ·· 28
第二章　**访谈指导** ·· 29
　　我的初始访谈风格 ·· 30
　　结束语 ·· 45
　　小结 ·· 46
第三章　**不可改变因素的评估** ·· 47
　　气质 ·· 49
　　对心理有直接影响的遗传性、先天性及医源性条件 ···················· 51
　　脑外伤、疾病和中毒的不可逆后果 ·· 53

不可改变的身体条件 ································· 55
　　　不可改变的生活处境 ································· 57
　　　个人经历 ··· 61
　　　小结 ··· 63
第四章　心理发育的评估 ································· 65
　　　对精神分析发展理论的一些警告和针对性评论 ············ 66
　　　经典弗洛伊德理论和后弗洛伊德理论的心理发育模式
　　　　及其临床应用 ···································· 73
　　　小结 ··· 83
第五章　防御机制的评估 ································· 85
　　　评估防御机制时的临床及研究注意事项 ·················· 87
　　　性格性与情境性防御反应 ····························· 90
　　　评估防御机制的临床意义 ····························· 92
　　　小结 ·· 100
第六章　情感的评估 ···································· 101
　　　移情/反移情中的情感 ······························ 104
　　　呈现问题时的情感状态 ······························ 107
　　　评估情感的诊断意义 ································ 109
　　　准确理解情感的治疗意义 ···························· 114
　　　小结 ·· 119
第七章　认同的评估 ···································· 121
　　　移情反应所提示的认同 ······························ 122
　　　认同、合并、内射以及主体间关系的影响 ··············· 123
　　　认同的临床意义 ···································· 128
　　　反向认同明显时的临床表现 ·························· 131
　　　民族的、宗教的、种族的、文化及亚文化的认同 ········· 134
　　　小结 ·· 137

第八章 关系模式的评估 ……………………………………… 139
  在移情中的关系模式 ………………………………………… 143
  治疗场合外的关系主题 ……………………………………… 152
  关系模式对长程治疗及短程治疗的意义 …………………… 156
  小结 …………………………………………………………… 157

第九章 自尊的评估 ……………………………………………… 159
  了解自尊问题的意义 ………………………………………… 160
  精神分析对自尊的关注 ……………………………………… 163
  评估自尊的临床意义 ………………………………………… 167
  小结 …………………………………………………………… 180

第十章 病态信念的评估 ………………………………………… 181
  病态信念的本质与功能 ……………………………………… 182
  对病态信念形成的假设 ……………………………………… 187
  理解病态信念的临床意义 …………………………………… 193
  小结 …………………………………………………………… 201

结束语 ……………………………………………………………… 203
  最后的忠告 …………………………………………………… 211

附录：合同样本 …………………………………………………… 213

参考文献 …………………………………………………………… 215

导　言

　　我在本书中阐述的观点,最初是为了回应詹姆斯·拜伦(James Barron)的邀请而构思的,当时他请我为一本题为"诊断具有的意义——加强心理障碍的评估与治疗"(*Making Diagnosis Meaningful: Enhancing Evaluation and Treatment of Psychological Disorders, 1998*)的选集撰写一篇论文。事实上,本书是在此论文的基础上进一步展开详细论述,但针对的是不同的读者,并且为了一系列更为复杂的目的,这一点在本书以后的章节中将详尽体现。在向我约稿的来信中,拜伦希望我能答复读者下列问题,譬如:如何将诊断过程与临床工作的实际紧密结合,使其更有意义;诊断与预后之间存在着怎样复杂的关系;诊断对治疗的影响究竟有多大;如何将诊断与心理发育阶段联系起来;以及诊断如何既能注重描述性诊断的特异性,又能兼顾诊断的普遍性。

　　多年来,这类问题一直萦绕在我心头。当美国精神病协会(American Psychiatric Association)的《心理障碍诊断与统计手册》(*Diagnostic and Statistical Manual of Mental Disorders*,DSM)接二连三改版(1968,1980,1987,1994),使其变得更具客观性,更具描述性和更少理论学派倾向性时,DSM却不可避免地削弱了多数临床医生实际赖以操作的诊断的主观性与推理性。与集经验而成的 DSM 诊断系统悄然并进的是另一种知识，它通过口授、实用性期刊、临床经验、复杂的推理和相应的主观直觉而世代相传。对于任何个案来说，不管你冠以何种正式的诊断名称，都与上述这些知识多少有些牵连。我写此书的目的之一就是，向读者系统地展示这种无形、却广为应用的知识。

关于主观性/投情性

在经验主义科学家眼里，人类的主观性通常被视为精确观察之大敌。而在临床治疗师的眼里，主观性却为深入了解人类打开了方便之门，这是研究其他学科的科学家所无可企及的（人们可以想象，物理学家是绝少与微粒"投情"的）。许多当代精神分析作者（Kohut, 1977；Mitchell, 1993；Orange, Atwood, Stolorow, 1997）非常精辟地将精神分析定义为主观性科学，而分析师的投情则是了解患者的首要工具。我在本书中所涵盖的许多内容都反映了这种主观性/投情性取向。带有这一特性的临床观察具有重要的作用，特别是经过日积月累，并反复与同行切磋后获得的这种投情能力就更是难能可贵。

几年前，我曾同意作为一篇医学论文的研究被试，该研究的目的是调查精神分析治疗师与认知行为主义治疗师之间的诊断有无差异。我应允"以我的常规方式"诊断某些通过录像带呈现给我的案例，并在观看完录像带中描述问题的患者后填写一张问卷。当我看完录像后，我的第一反应就是：录像带中正在描述症状的妇女肯定不是患者；她在摄像机前的表现，完全缺乏一个求助者所应有的痛苦情感氛围。我立即意识到，我无法以临床评估的常规方式来对她作出"诊断"——即对寻求治疗师专业帮助的患者，全身心投情于其主观体验，并认真审视自己被激起的主观反应。问卷上的第一个问题就是"你对这个患者的第一印象是什么？"我回答："我的印象是，她是位演员,而不是患者。"接下来的问题,我也就不可能做出适当的回答了。

我把试验者叫来,向她解释,她要求我以"常规方式"作出诊断,而我的常规方式要求我去感受一个真正寻求帮助的人的存在。我说,我并不想刁难她,但是我无法以我通常的诊断方式来满足实验的要求。研究者证实,录像带中的妇女确实是位演员,但要求我无论如何将她想象为真正的患者。我说我做不到:对于我来说,诊断并非一项严格的智力测验,只需对描述的症状作出反应。研究者被激怒了,决定将我从她的研究中排除出去,因为我不能按照实验条件配合她的研究。她最后发表的论文结果忽略了像我这样的治疗师的评估实践,而这样的评估才能带着更全面、更主观、更互动的敏感性去理解别人。

类似的忽略总是与精神分析如影随形。而之所以被忽略,就因为精神分析的观点不属于"纯净"的、客观描述的、完全独立的、可观察的行为单元(Messer,1994)。因此,认知行为治疗拥有许多实验数据,而精神分析治疗却极少,也就不足为奇了。只有单纯认知受损的患者才真正只适合于认知行为治疗而不适合于精神分析治疗。精神分析治疗缺乏有效的数据,但也并没有数据表明精神分析治疗无效。正如乔治·斯德里克(George Stricker,1996)所言,我们不应该将缺乏证据与缺乏疗效混为一谈。可以断定的是,如果精神分析要求确立自己的实验地位,势必需要投入更昂贵、更复杂、更富创造性的研究。这样,目前仍然确信精神分析工作效能的人,至少能更为确信自己的信念。

平心而论,有充分的证据表明,精神分析理论经常被误解(例如,人们对弗洛伊德关于女性性行为的奇特理论的认识),认为它受文化限制、自命不凡,轻则荒诞离奇,重则误人子弟。由于知识发展的有限性,在主观理论和客观病症之间永远存在着一定差距。差距的另一个来源在于,临床实践常常先于实验研究,原因很简单,因为只要听同事说某一新技术对患者有益,治疗师就会在实验完全证实之前急于尝试〔眼动脱敏和思维重组(eye movement desensitization and reprocessing)〔Shapiro,1989〕,或思维-场治疗（thought-field therapy）[Callahan & Callahan，1996；Gallo，1998]最近之所以流行，也是这个原因]。

很少有人具有科学家那种完全客观的特质（Schneider，1998，关于心理学的浪漫主义传统）。然而，我们并非对科学实验置若罔闻。至少从斯皮兹（Spitz，1945）时代起，分析师在临床实践及理论发展方面都深受对照研究的影响，而受发展心理学研究的影响尤甚。本书的另一目的是，向读者展示资深分析师如何将研究结果与分析案例的需要相契合。

关于做一名世纪之交的治疗师与心理治疗教师

正当心理治疗日益摆脱了它的瑕疵时，正当关于其有效性的可信报道日益增多时（Luborsky，Singer，& Luborsky，1975；Smith，Glass，& Miller，1980；Lambert，Shapiro，& Bergin，1986；VandenBos，1986，1996；Lipsey & Wilson，1993；Lambert & Bergin，1994；Messer & Warren，1995；Roth & Fonagy，1995；Seligman，1995，1996；Howard，Moras，Brill，Martinovich & Lutz，1996；Strupp，1996），我们却面临着形势与经济的压力，这种压力正打击着治疗师的士气，阻碍着患者寻求帮助，干扰着治疗师去激起患者坚持长程治疗以获得某种经久不衰的心理特质，相反，却将那些随时可能迅速终止的、缺乏信任基础的关系定义为"治疗"（Barron & Sands，1996），那可真是对我们这个时代莫大的讽刺。

要成为一名优秀的治疗师，注定要付出辛勤的劳动及投入大量的时间，但是最近，这项工作变得异常耐人寻味，原因是有抱负的治疗师们担心自己倾注很多心血才得以掌握的艰难艺术将无法施展，为此他们感到焦虑不安。作为治疗师的督导，我看到近年来这种焦虑感渐趋上升。例如，每年在路特歌学院介绍精神分析理论的概貌时，我会按惯例安排一场考试，要求学生以经典弗洛伊德的风格分析自己的某一个梦。答卷通常会浮现出"群体主题"，即常常涉及分离（学生常常在研究生的第一个学期上这门课）或自尊（在研究生院，维持自尊不太容易）。在最近，被分析的梦几乎有一半都包含一个强人所难、独裁专横、不体恤他人的权威形象——仇恨的警察局长、愤怒的学校校长、独断专横的修女，诸如此类。当我向班级同学报告这一模式，并询问他们如何理解它的意义时，他们立即联想到对"医疗管理机构"的看法，在那儿，某项行政指令会突然凌驾于他们的临床判断之上。

如果我于15年前写本书，可能不会如此锋芒毕露。如今我们处在一个卫生保健普遍面临着棘手危机的时期，而心理治疗的危机尤甚。卫生保健服务系统实质上已由公司掌管，我对公司及商业模式是否适用于治疗行业表示高度怀疑。尽管我发现，很难想象有一天人们会不愿向受过严格训练的治疗师寻求治疗，但是，如果敷衍塞责、虚情假义、令人沮丧的干预也被当作心理治疗，那么用不了几年，就会有许多人认为，他们"已经试过治疗"，却发现它根本无效。这样的结果使他们不会愿意再试一次。

这些现实状况更加驱使治疗师必须工作严谨而有效。如果患者只限于短期治疗，那么从一个判断正确的诊断开始，就显得更为重要。如果付费的第三方一再坚持，患者无法进行希望得到的治疗，治疗师有责任如实告之，并知道如何向患者转达对其特定心理及治疗要求的理解——以通俗易懂的语言对其讲述动力学分析（Welch，1998）。这种交流最终能否为患者所理解，取决于治疗师对患者整体心理的把握达到何等敏锐的程度。

认为心理治疗，尤其是心理动力学治疗费时费力又无效，这是一种普遍的现代观点，而在医疗管理机构职员、保险公司经理及某些学院派心理学家中间，此观点尤为盛行。为追逐私利，许多第三方付款人引用个别研究结果来判断心理干预的疗效，而这些心理干预名义上为治疗，实则治疗成分极少。这些研究，大多对统一诊断的患者进行精心筛选、随机分组，然后施以限制时程、千篇一律的干预措施，最后严格根据患者求治的特定症状是否改善来评估治疗有无进展（Parloff，1982；Persons，1991）。正如塞里格曼（Seligman，1996）所指出的，这种过程与心理治疗实际的操作迥然不同。传统治疗完全是不限期的，何时终止治疗视患者而定；它时刻自行调整，当某种方法无效时，治疗师将改变治疗方案；它也常常反映出患者选择治疗师的主动性及鉴别力，患者会选择感觉舒服的治疗师；它常常涉及多种相互作用的问题，而不仅仅是孤立的症状；治疗师和患者对治疗结果的评定不仅包括症状缓解，而且更为强调整体功能的改善。

对于学院派心理学家与动力学取向的治疗师之间存在的纷争，双方都负有一定责任；而这种纷争使本科生及研究生的心理学教学也受到影响。尽管一些大学心理系很友好，却仍然独立设置接纳精神分析学者的研究院和医院，而不是融入学院派主流。因为多数学院派心理学家对精神分析理论、实践及深厚研究缺乏了解，他们向学生所作的关于分析治疗实质的评论常常有失偏颇。屡见不鲜的是，那些热切希望学习如何帮助人们而来参加心理治疗研究生课程的学生们以为，精神分析治疗的讲授者一定是位固执己见的医生，一位弗洛伊德（Freud）的忠实崇拜者；他们还相信，这样的治疗师在治疗的头6个月一言不发，然后突兀地告诉患者，她具有阴茎嫉妒。促使我写作本书的一个原因就是，我希望将传统分析观点及现代分析理论带进课堂；而以往在这里，精神分析思想也许从未得到真正的理解或关注。

分析性心理治疗并非一套可以独立于治疗师的技术。一个有着敏锐直觉及内省的人，尽管培训经历相对缺乏，也有可能成为优秀的治疗师。如果缺乏起码的同情心，即使受过良好的培训，也可能是最糟糕的治疗师。临床治疗师的艺术很难教授，尤其难以传授给半信半疑者。某些轻视心理治疗的人，天生与心理治疗所必备的敏感性无缘。我有一个身为保险公司高级雇员的亲戚，他告诉我，除非自己或家庭成员有心理疾病的切肤之痛，否则，保险公司的经理们会将心理治疗视为治疗师为自己发家致富而精心设计的一个情感骗局。

多年来，我也听说过许多令人失望的心理治疗经历。他们或者被误诊，或者遇到一位蹩脚的治疗师，或者即使遇到一位不错的治疗师，却恰恰不适合自己。但这些并不能作为以偏概全的理由。如果有一次头发没理好，这人无疑会埋怨理发师而不是攻击整个美容美发行业。而心理治疗牵涉了那么多的利害关系，患者冒了那么大的危险，以致人们对它的失败不可能简单地付之一笑。对于治疗无效或招致危害的患者来说，他们的悲伤是情有可原的。然而，我们这些从事艰难艺术的人，看到自己的工作被歪曲、被贬低，无论是什么原因，终归是令人恼怒的。我希望，本书以一种现实的视角展示评估与治疗的艰难性、可能性与局限性。

事实上，尽管治疗师具有治疗各种异常的知识，但每个患者总是以某种异常为主而求治，因此只有通过交流经验与知识，治疗团体才能积累大量的关于处理各种情况的资料。临床实践孕育了许多值得研究的问题；但如果治疗师对治疗背景含糊不清，研究将寸步难行。在本书中，我试图向读者讲述精神分析团体一个世纪来积累形成的关于患者的一些值得注意的话题，这些观点尽管在当前卫生保健气候下并不流行，但也许值得研究。我还勾勒出精神分析研究的现状，这种研究的价值远胜于许多对这一理论的抨击（Masling，1983，1986，1990；Fisher & Greenberg，1985；Barron，Eagle，& Wolitzky，1992；Bornstein & Masling，1998）。

我们这一代人已品尝到过分取信于电视宣传的恶果，在不遗余力地积累临床智慧及临床相关研究数据方面，我并未见到任何证据表明现代治疗师比他们的先驱者更缺少热情。然而，市场经济与学院形势并不保护精神分析这一复杂而有争议的真理，我们可以想象，治疗师将继续感到孤立无援，他们需要通过交流知识与观点来互相支持。我希望本书能为营造支持性的职业环境贡献一点绵薄之力。

关于本书结构

本书的编排还是比较简单明了的。在介绍完案例分析与心理治疗的关系后，即向读者展示治疗师在初始访谈中将面临的问题。紧接着，用了八章的篇幅依次讲述精神分析式案例分析的方方面面。我会向读者介绍与评估相关的理论基础与具体步骤，涉及患者的气质与固定的归因模式、心理发育史、防御方式、情感倾向、认同、关系模式、自尊调节方式及病态信念等领域。在介绍以上每一个领域时，我都力求说明，了解患者的心理特征对治疗师选择治疗方案有何意义。至于那些对我选用术语及基调偏好感到困惑的读者，可以参阅《精神分析诊断》（McWilliams，1994）一书的简介，我在其中对于自己的选择作过阐释。

从第四章开始，在每章的开头，我都特意安排了一些相关概念的定义注解，并对相关的精神分析理论进行了简单的历史回顾。这意味着从弗洛伊德开始讲述。我希望读者理解，我这样做并非出于对"教父"的盲目效忠。相反，我认为，初为治疗师者如果不了解弗洛伊德的最初思想，就很难理解经典的精神分析理论是如何向多种精神分析观点并存的现代格局演变和转换的。每章介绍完背景后，我通常谈论关于某个主题的其他精神分析思想，最后讨论我所讲述的这些内容如何与治疗师选择干预措施相契合。我用了大量的案例，以利于读者发挥自己的想象力，使空洞乏味的概念变得栩栩如生。

因为本书试图表明成功的分析与成功的治疗之间密不可分，所以我花了等量的篇幅来讲述治疗与评估。像许多热衷的治疗师一样，对于心理治疗，我确实有点一往情深，并深受我自己的临床经历的影响。但我相信，激昂的、甚至也许是虔诚的职业热情能催人奋进，或许也能促进治疗成功。当然这种热情有时也会弄巧成拙。其他临床治疗师也许并不同意我在本书中所得到的许多推论。尽管理论取向可以各有千秋，但只要对基本理论框架坚信不移，都能使治疗获得成功。不管孰优孰劣，只要本书能引起人们对细致的动力学分析与心理治疗之间关系的思考与关注，我就感到心满意足了，因为我毕竟对临床实践尽了一点绵薄之力。

第 一 章
案例分析与心理治疗的关系

本书详尽阐述了我所抱持的执着信念，即对于临床治疗师而言，要获得满意的疗效，了解患者远比掌握某种治疗技术更为重要。这并不表示我反对使用治疗技术，事实上我自己成长为治疗师的过程，就是不断磨炼技巧的过程。然而，令我深感不安的是，我注意到当前人们热衷于寻求"实证治疗"（empirically validated treatments，即 EVTs），讲授一系列针对症状的、指南性质的治疗措施，以取代心理治疗过程的精华与实质。对 EVTs 的热望导致了精神卫生经济的某些部门成为一种新兴增长的产业——如果你对某种心理疾患有一种快捷、实证的治疗，也许你能一夜暴富，从此颐养天年——但是这样做势必担着付出巨大代价的威胁，使初为治疗师者无处查阅大量的、具有珍贵临床价值的、关于个体心理治疗的文献。

只有了解了患者独特的个体主观性，你才可能推断何种治疗对他/她最为适宜，这在我看来似乎是不言自明的。即使对某人有益的东西也可能恰恰对另一人有害，尽管两人的主诉似乎完全一致；或者即使某一措施在精心选择的同种人群中对同一症状的疗效具有统计学意义，该治疗措施也未必对相同的患者有效。正如许多临床技术精湛的专家所指出的那样（Goldfried & Wolfe，1996），心理治疗的技术是否实证有效，常常因治疗师的治疗环境不同而大相径庭。当前，迫于经济与形势的压力，人们试图将心理治疗统一规定为短程的、以症状为目标的过程，这与大多数治疗师的智力与职业动机背道而驰，令人啼笑皆非。

即使撇开当前削弱精神卫生服务的上述因素不谈，也需要我们不断提供培训资料，以便明鉴大多数资深治疗师选择治疗方案的依据。多年来，我一直觉得心理治疗的讲授常常是"倒置"的，因为培训者总是将自己偏爱的技术教给受训者，而全然不顾他们是否充分了解何时何地需要使用该技术。尤其是，培训者常常还有意无意地提示，某一措施是缓解患者痛苦的最佳或真正有效的手段，如果患者不遵从即意味着背离治疗，甚至被认为无药可救。在这方面，精神分析培训师也许比任何其他培训形式更问心有愧，因为他们普遍偏信：精神分析治疗只选用于"可分析"的患者，因此多数患者像弗洛伊德描述的"绝对"适合分析治疗，只有极少数患者"相对"需要参考其他因素。当然，我也发现，与之相比，家庭疗法、格式塔疗法、理性情绪疗法、人本主义疗法及其他疗法的培训师中也不乏自吹自擂之徒。而且，这种培训师经常与临床人员保持距离，凭借个人兴致竭力鼓吹某种理论流派。然而，采用何种技术应取决于患者的人格及异常心理而非治疗师的个人好恶（Hammer, 1990），这才是理性的态度。

在以下章节中，我只探讨如何在精神分析取向的心理治疗过程中开展病案分析。尽管如此，我希望其他理论取向的治疗师在阅读本书时能借鉴他们自己的理论，对内容作出必要的演绎，并应用于临床实践。我之所以在精神分析理论的框架内写作本书，首先是因为我对精神分析理论能产生敏锐的共鸣，其次是因为精神分析概念是我习惯使用的职业术语，而且还因为我长期从事精神分析治疗工作。尽管我并不认为精神分析疗法是帮助人们的惟一途径，但我确信，精辟的心理动力学案例分析可以为认知行为疗法、系统家庭疗法或其他任何疗法打下良好的基础。

尽管我是一名精神分析师，但我意识到，有时我也会采用家庭疗法、放松训练、心理教育、眼动去敏与思维重组、性疗法、药物疗法，或许多其他非心理动力学取向的治疗方法,这完全视我对患者特定心理问题的理解而定。当我对某些患者的病情一筹莫展时,我会将他们转诊给从事行为治疗的同事;反之,如果他们觉得患者存在某种人格问题,需要长期的、深入的精神分析治疗时,也会转诊给我。我所认识的大多数临床治疗师均是如此。尽管偏好的理论及所用的术语千差万别,然而,有良知的心理治疗师均有一个共通之处,即力图尽可能全面地了解每一个患者,以提供最明达的治疗建议。假定读者都已经认可了这种态度,下面我开始一一介绍与动力学案例分析相关的、重要的精神分析理念。

基本目的

治疗师对案例进行心理动力学分析的目的,通常是为了提高心理治疗的疗效。除此之外,还可以据此向医护人员提供适宜的指导或明晰对家属的告诫,以及适时转诊。这一切归根结底就一个目的,即全面了解患者的心理状况并为之制定最佳治疗方案。一旦理解了个体独特的知识、情绪、感知和行为的方式,治疗师就能有的放矢地针对患者这些方面存在的问题进行干预,改善他/她的生活质量,这也正是患者寻求职业援助的初衷。我们把访谈中获取的琐碎信息,通过案例分析诠释其隐含的意义,这样做就能对患者的主观世界施加治疗性影响。

因为动力学分析的宗旨就是制定干预措施以达到治疗目的,所以谈一谈心理治疗目标可能会有所帮助,这儿所说的目标应该是为大多数精神分析师一致认同的。某些目标只能通过传统的、长程的分析治疗才能获得,这可能使较多受治疗条件限制的治疗师对细致的案例分析望而却步;事实上,疗程越短,治疗限制越多,治疗师在治疗前对患者的假设就越重要。我之所以强调传统目标,有三个方面的原因:(1)试图为那些仍有条件做标准的、不受时程限制的精神分析治疗的治疗师提供取向性帮助;(2)鼓励那些治疗条件稍逊的治疗师提取出那些在他们的工作中可能有用的东西；(3) 宣扬那些值得深深珍惜的心理治疗理念，因为出于经济和形势的压力，这些价值观正被一点点侵蚀、吞噬。

尽管事实上心理动力学治疗师尽力避免道德说教或将个人观点强加于患者，而且精神分析师秉承了尊重特定文化或亚文化对治疗影响的传统，但精神分析治疗并不、也从未装腔作势地否认对患者作基本假设，或对治疗目标形成主观臆断。当我们谈论治疗进展时，应该是指治疗是否达到一系列治疗目标，而并非只考虑患者求诊时的症状是否缓解。有些患者从治疗一开始就采信了治疗师的观点，而另一些患者则在治疗过程中渐渐与治疗师达成认同。

治疗目标应包括异常心理症状消失或缓解，内省力发展，自主感增强，认同感稳固，以现实为基础的自尊心增强，认识并处理情绪的能力得到改善，自我力量及自我协调性增加，爱、工作及对他人适度依赖的能力扩展，愉悦与平和的情感体验增多。此外，研究观察和经验均表明，当以上这些变化发生后，躯体变得更为健康，对应激的抵抗力增强（Gabbard, Lazar, Hornberger, & Spiegel, 1997）。下面我将对以上目标逐项展开讨论。

传统精神分析治疗的目标

缓解症状

不言自明，缓解症状是患者求治的目的，亦是心理治疗的基本目标，在我看来，在大多数情况下，动力学取向的心理治疗与其他各种治疗相比，症状开始缓解的时间并无差异。当患者忍无可忍而寻求专业咨询时，他／她的"病情"或者"主诉"已经令其格外痛苦，而一旦建立安全的治疗关系，病情的严重性通常就会缓解或消失。只要可能，患者会倾向于更持久地接受精神分析治疗，这并非因为治疗无效，恰恰相反，是因为他们从中获益匪浅。精神分析取向的治疗比其他理论取向的治疗维持更长时间，这种倾向缘于医患双方对总体心理健康的共同追求，他们并不仅仅满足于特定症状的消除。

某人仅因为单个的、明确的心理困扰而去看治疗师，这种情况是相当罕见的。如：因"单纯"厌食而求治的年轻妇女，却最终显示出她受追求完美的家庭环境所困，饮食障碍则是她表达窒息感的惟一方式；寻求短程夫妻治疗以"改善夫妻沟通"的男患者却坦露他有婚外情，且有一私生子；被认为"犯上"而就诊的小男孩却有一个不为人知的习性：折磨小动物。当人们面对陌生人时，很少会将自己的问题和盘托出；在小心翼翼地开启他们隐秘的潘多拉魔盒之前，他们常常反复推敲治疗关系，直到放心为止。事实上，许多患者多年来一直对治疗师讳莫如深，直到对治疗师产生了足够的信任，足以忍受伴随暴露内心深处的羞耻而产生的焦虑不安，或者在治疗中，在其他问题上获得的帮助使他们期望自己的隐秘问题也能有所改观，这时，他们才会坦诚相待。如果心理疗效的研究把研究对象局限于具体某类症状、同意入组的患者，以便标准化观察某一特定现象，这样得出的结论可能和实际情况相去甚远。

最后，人们特意寻求精神分析治疗的原因还可能是，他们想了解自己对某些症状特别易感的真正缘由。有时从治疗一开始就初露端倪，而有时须回顾治疗历程才恍然大悟。通常控制某人的不良行为并不难，但要引导他摆脱对这种习惯性行为的诱惑，则必须耗费相当可观的时间与精力。人们寻求精神分析治疗并不仅仅为了增强这种"控制"能力，更重要的是完全掌握局势，消除因抑制强烈愿望而产生的冲突。饮食障碍的女患者，并不只想停止呕吐，而是想辨清食物与厌恶的思想之间的区别。违背意愿对妻子不忠的男患者，并非只想放弃婚外情，而是想从整日沉迷于幻想的痛苦中解脱出来。孩提时遭受性虐待的儿童，主观上常常很难摆脱自己目前仍在，或仍向往被性虐待（Frawley-O'Dea，1996）。

内省力

在精神分析动力学发展的早期,有一种对"内省力"的理想化认识,把"内省力"当作达到情感健康的必经之路。弗洛伊德认为,治愈患者的关键是将无意识的内容挖掘出来成为意识的一部分,这既是源于他的临床经验,因为当患者症状改善之初,常伴有回忆起以往忘却的经历,也是源于普遍的科学实证主义,即"理解才能掌握"。这种从已知事实到未知世界中自由驰骋的结合,至少与特尔斐的神谕(它的箴言就是"人贵有自知之明")一样古老,至今仍然弥漫在大多数精神分析的思想中。

现代精神分析师尽管也认为,内省,尤其是那种真情流露的、通常被称为"情感顿悟"的"Aha!"式内省具有重要的治疗意义,但他们同时也赞赏许多"非特异性"因素(如治疗师现实态度及自尊态度的示范,患者对治疗师接纳姿态的体验及内化,治疗师承受患者的痛苦、愤怒后表现出的关切)。实际上,在过去的20年中,几乎所有讨论治疗决定因素的精神分析著作对治疗关系问题的关注已远远超过了对传统"内省力"概念的关注(Loewald,1957;Meissner,1991;Mitchell,1993)。

近年来,"内省"的意义甚至也从多少有点静态的概念转换为与"治疗关系"相关的动态过程。在精神分析理论演变的"现代"阶段,"内省"这个术语是指:在治疗中,治疗师冷静地、客观地、敏锐地洞察患者的个人史,现实地理解其动机与环境(Fenichel,1945)。而到了"后现代"时期,该术语则指患者与治疗师主观上一起合作,建立良好的关系,共同创造描绘出符合患者背景和将来的蓝图——是对当前事实的描述而非对历史的追忆(Levenson,1972;Spence,1982;Atwood & Stolorow,1984;Schafer,1992;Gill,1994)。唐纳·奥伦吉(Donna Orange)最近出了一本关于精神分析认识论的书(Orange,1995),书名为《共同创造》(*Making Sense Together*),这正是对当代思想的最好注解。

尽管内省力已不再被当作心理变化的必要条件,但是对于精神分析治疗师及大多数患者而言，内省仍是治疗的一个中心目标。治疗双方都试图探知"从未想到过的事实"（Bollas，1987）。精神分析对内省的重视可部分地归于这样一个事实，即治疗的双方需要谈论共同感兴趣的话题，而此时，非特异性的关系因素则在悄然起着治愈作用。另外也可能，寻求精神分析的医患双方都欣赏内省力本身的价值。因此，可以认为，动力学治疗本身即是对知识的追求，当然，更是为了达到特定的治疗目标。

自主感

在前面的段落中，我谈及了那个古老的信念，即了解已知事实可使人在未知世界中自由地翱翔。内在的自由感也许是一个人最珍贵的心理状态之一。多数患者是由于他们的主观自由感被蒙蔽而来就诊的，他们被忧郁、焦虑、分裂、强迫、恐惧或妄想所控制而丧失了自我控制感。有时，他们因为感到不再能主宰自己而来就诊，他们设想，假如能得到某种帮助，就可能获得自主感。

尊重患者个体自主感及努力增强其自主感，均蕴含在许多精神分析治疗的技术特征之中。例如，有时精神分析师会故意将患者的话复述一遍，然后诘问："哦，你是怎么想的？对此你有什么感觉？"这样做可能会刺激患者，目的却是为了增强患者的自主感。精神分析还有一种普遍的做法，就是让患者选择每次访谈的开场主题；另外，如果患者完全清楚什么对自己有利，治疗师通常不给他提任何建议。努力尊重、维护、增强患者的个人自由被摆在了精神分析治疗的首要位置（Mitchtell [1997] 针对这个问题的独特见解）。

当患者回顾经过一阶段心理治疗有什么收获时，他们的回答通常标志着自主感的增强，典型的例子如："我学会信任自己的情感，心安理得地生活，愧疚感明显减轻"；"我学会拒绝别人，不再无条件地顺从他人的意愿"；"我学会说出自己的内心感受，并让别人知道我想要什么"；"我解决了令我不知所措的矛盾心理"；"我戒除了毒瘾"。正是由于理解患者自主感的重要性,所以通常只有在万不得已,特别是当患者生死攸关时,精神分析治疗师才不得不"将自己的意志强加于患者"。尽管支持性治疗经常以提建议为主(Pinsker,1997),然而精神分析取向的治疗师也很清楚地表示:患者完全有拒绝采纳治疗师建议的自由。因此,一个成功的动力学分析,应有部分内容涉及评估患者的自主感有何异常。

认同感

我们现在很难想象,"个体认同"这个概念直到20世纪中期才成为正式的理论建构,就好比"儿童智能"直到18世纪才被当作特殊状态(Aries,1962),"青少年"这一概念直到19世纪末才提出(Hall,1904)。艾立克·艾里克森(Erik Erikson,1950,1968)当时的著作为20世纪50、60年代的公众看待战后开始普遍存在的一类问题提供了崭新的视角。当时人们普遍关注于"寻找自我"和饱受"认同危机"之苦,用艾里克森的话说就是寻求"自我定义",他的观点恰恰迎合了时代精神。

艾里克森之所以能看穿动荡的、充斥着尖端技术的纷繁社会如何给芸芸众生带来了独特的心理挑战,是因为他具有得天独厚的优势,即他生活在一种与世隔绝的美国土著文化中。假设我如历史上以前的人类那样,成长在一个稳定的、单纯的、原始民族的亲属群体中,"我是谁"这样的问题压根就不成为问题。我是我父母的孩子,整个社区的人都认识他们。如果我是男孩,也许长大后就子承父业;如果我是女孩,就会像我母亲那样生活。在这样的社会,我的角色非常清晰,尽管我没有多少选择的余地,但心理上的安全感是绝对可以保障的。我不必费神思虑我存在的意义,也不必担心我是否在重大事件中起重要作用。反之,如果我成长在一个复杂的社会,陌生人走马灯似地变换,居无定所,无法亲近权威人士,而其他人总是以非人性化的方式对我的衣着、饮食、思想、情感及职业指手划脚,且互相矛盾,那么,理解"我是谁"以及"我在这个混乱状况中处于什么位置"就显得极其重要(Keniston,1971)。

单纯的、亲密无间的人文环境相对我们自身所处的复杂的、无个性特征的人文环境之间的差异比较，我有点夸大其词，之所以如此，只是想说明，发展稳固的认同感已经成为现代人心理生活中不可回避的主题。即使在世界为数不多的部落文化中成长的人们，也不能够远离现代技术及混杂情感的渲染；处于现代社会高度技术发展文化中的人们所体验的认同挣扎，如今最多地影响着象征"文明"前哨的青少年及年轻成人。如果20世纪初，弗洛伊德的患者能折射出他那个时代的精神，那么我们可以看出，即使是都市人也似乎仍然相当清楚地知道自己是谁。他们来到弗洛伊德和其他精神分析先驱者的诊所，能清楚地意识到自己的认同感与隐秘的愿望、动机、恐惧及自责之间存在的冲突与矛盾。而现代患者求诊时往往需治疗师帮助他们意识到自己是谁。

卡尔·罗杰斯（Carl Rogers, 1951, 1961）以及后来海因茨·科胡特（Heinz Kohut, 1971, 1977）的主要著作都指出，现今普遍流行的对认同感的追求具有某种技术上的治疗意义：人们需要在主观体验上感到被理解、被映照、被接纳、被认可。若某人的文化背景给他提供可依赖的、按惯例确定的、相伴一生的角色，他可能多半会根据自己内在的完整性与真实性来判定"我是谁"，而这是一种依照自己的价值观而生存，并直面自己的情感、态度和动机的能力。反之，在这种情况下，若只有借助于外界的评价才能体验自我认同，那就非常危险了，如遭解雇后会以为自己工作一无是处，或离婚后会认为生活毫无意义。在缺乏适度支持的环境中，人们经常需要借助治疗师的帮助来体验并说出自己是谁，相信什么，感受如何，以及想要什么。这时，努力发展强大的、协调的自我感，可能是治疗的当务之急，当然，自我协调问题也可能伴随其他目标及问题的解决而迎刃而解。

自尊心

显而易见，即使是十分自信的人，其自尊心也可能相当脆弱。当遭到不期而至的挫折时，本来情绪一直很好的人也会突然采取消极行为。因此，在治疗过程中要想促使达到患者中等水平的自尊，其困难程度也远远超出治疗师的预期。这也许正说明，人类都拒绝改变自己的核心信念，因为如果我们甘愿受外界影响而改变自己深层的态度，那就很可能受制于他人的思维控制技术。然而，我们确实希望尽快改变患者的态度，因为我们的天职就是努力劝说自我憎恨者，让他们相信自己并非生来就带着罪恶与错误。至少，我们希望确保治疗不会是雪上加霜，因为他们的自尊已岌岌可危。

在心理治疗过程中，提高患者自尊心的方法之一就是治疗师愿意被患者看成一个有瑕疵的人。因为这既是事实，同时也为患者提供了一个虽瑕犹荣的典范，如此一来，精神分析治疗师就向患者传递了这样一个信息：尽管治疗师会犯错误或能力有限，但仍有能力帮助患者。以我看来，自体心理学对心理治疗技术最大的贡献在于，它强调患者对治疗师幻想的破灭是不可避免的，并强调治疗师承担起投情失败的责任具有重要意义（Wolf, 1988）。看到一个权威承认自己的瑕缺却仍保持着自尊，这对患者而言往往是一种全新的体验。这使他更有可能面对自己的不完美而坦然自若。

使自尊心更为稳固而可信的另一种治疗方法，涉及患者对绝对诚实的体验，即要求患者对自己和治疗师完全坦诚。经常，并不需要什么要求，治疗师接纳的态度，就能使患者倾泻心中的极度焦虑及羞愧交加，当患者开始重新评价上述倾诉时所提到的缺点，将会视其为平常的而非可怕的；或者尽管可怕，却并不代表自己人格的全部。支持患者符合现实的自尊（相对于自恋性自我夸大），并不意味着阿谀奉承或须反复"强化"他们的亮点。事实上，如果患者心里嘀咕"我的治疗师真是个好人，但对于我究竟是个什么样的人，他显然一无所知"，以上做法通常会弄巧成拙。即使缺乏足够的时间来提高患者的基本自尊，动力学分析若能对患者特定的自尊要素洞若观火，将使治疗师避免对患者不必要的伤害，而事实上，这种伤害屡有发生。

认识并处理情绪

从精神分析理论初次越洋登陆，即迎合了美国人对乌托邦理想的向往，从此对心理健康实质的许多错误认识就深入人心了,而且,有些看法至今仍未消弥。最近开始逐渐淡化而在20世纪中期相当盛行的一种误解就是,认为情绪健康者是"随心所欲的"。丹尼斯(Dennis, 1955)通过 Mame 姨妈这个角色,以文学形式善意地讽刺了盛行于50~60年代知识分子阶层的狂热念头,即:一个人应该从性束缚中解放出来,并完全自发不羁地表达自己的情绪情感。暗示一个妇女如果没有兴趣与男性发生性关系,那她一定是病理性胆怯或"性冷淡",借用这些谬论成了当时许多诱奸者的惯用伎俩。20世纪六七十年代,各种治疗革新者,从 Esalen 的创始者到原始尖叫(primal scream)的倡导者,都将自发表达情绪理想化了。在那个时代的风气影响下,三思而后行反而成了"死板"或"迟钝"的标记。我之所以举这些牵强附会的例子,是为了将它们与精神分析治疗的实际目标相对照,后者确实与情绪有很大关系,但与情绪总是应该自由自发地表达出来的观点毫无联系。

患者希望通过心理治疗得到改善的是对情绪的敏感性,犹如丹尼尔·戈曼(Daniel Goleman, 1995)近来提出的"情感智力"(EQ),后者类似于经典精神分析传统意义上的"情感成熟度"(Saul, 1971);也就是说,治疗师力图使患者了解他们自己的感受,并清楚为什么会这样感受,最后要使患者能自如地运用利己利人的方式处理自己的情绪。在精神分析治疗中,我们会要求患者自由地表达脑子里的任何想法,不管它似乎多么下流、多么尴尬,或者听起来多么微不足道。我们之所以这么做,并不是想教导患者在社交场合交谈的方式,而是因为治疗提供了一种特殊的设置,患者在其中用语言表达出的一切均成为理解患者的"素材"。

分析师既不能津津乐道于患者的苦楚,也不能教条地要求患者"言无不尽"。例如,分析师清楚,如果一个人理解自己的性要求,他在处理这些情感时就能有所选择,或自慰,或与可心的人发生性关系,或节制冲动,不管他采取何种方式他都无须否认自己的情感。他所需要做的就是"选择"。与此类似,如果某人生气,从精神分析的观点来看,重要的不是立即发泄愤怒,而是注意自己产生了这种情绪,并寻求途径以解决问题的方式合理地利用这些能量（这通常需要事先向患者说明情况，因为他们担心一触及强烈的负性情绪，自己就如同一个怪物）。

彭尼贝克（Pennebaker，1997）的大量研究为情感理解与身心健康的关系提供了充分的证据。大量神经精神病学与心理生理学的现代研究表明人在体验强烈情感时大脑发生了某种变化，过度情感刺激和创伤对身体会产生某种暂时或永久的损害。治疗师总是竭力区分智力与情感内省，并凭经验知道用语言表达情感体验是理解并掌控问题的必经之路，不管体验起初被看做是轻微的身体不适感，还是迫在眉睫的畏惧感，以及行为强迫。现在，我们有证据表明，对于不同的事情，这些过程是有差异的，因为情感性记忆贮存在杏仁核，叙事性记忆贮存在额叶皮层。如弗洛伊德最初希望并预言的那样，用"语言表达"的过程最终可以用身体的部位来描述（Share，1994）。

自我力量及自我协调性

20世纪中期，许多精神分析师强调的一个相关领域是：以现实的、适宜的方式处理生活困境的能力（Redlich，1957；Jahoda，1958）。人们总是很难理解，为什么每当发生轻度应激性事件时，一个貌似优秀的孩子却可能倒退到完全的无助状态；而另一个看来成长环境并不优越的孩子却能有效地应付逆境。患者寻求心理治疗的常见原因之一就是他/她希望改变自己一旦遭遇生活困境就"一蹶不振"的倾向。身处逆境却仍能从容应付的非凡的能力，用精神分析的术语来说就是自我力量。

当然，这个术语源于弗洛伊德著名的对心理世界的三维模型的描绘。本我是弗洛伊德从乔治·克劳德克（Georg Groddeck）借用的一个词语，代表个体争夺的、苟求的、原始的、前理性的、前逻辑性的那部分。本我完全是无意识的，然而可以通过对其"派生物"（如幻想和梦）的解释来部分地了解它的内容。弗洛伊德将我们大多数人内在的道德监控者称为超我——良知、自我的评价者。超我被认为部分是意识的，部分是无意识的：当一个人庆幸自己抵制住诱惑时，超我是意识的；而当一个人因莫名的愧疚而坐立不安时，超我是无意识的。弗洛伊德所用的术语自我与大多数人所理解的"自己"大致同义。但他指出：自我似乎具有一系列功能，部分在意识层面操作，如通常的问题解决；部分则属于无意识，如人们不由自主地运用防御机制。

自我这个假设的结构，从理论上说调节着本我、超我与现实之间的关系。在精神分析的术语里，说某某具有强烈的自我，意味着他/她并不否认或歪曲严酷的现实，而是考虑种种困难并寻求解决的办法。比拉克和斯摩尔（Bellak & Small, 1965）描述了自我力量三个相互关联的方面：现实适应、现实检验及现实感受。一个有着强大自我力量的人既不因过度或非理性的愧疚而崩溃，也不因卤莽或感情用事而受困。精神分析取向的实验研究者们设计了许多种方法来研究这个概念，而且还设计了投射测验来评估自我力量，但治疗师倾向于在访谈时对患者的自我力量进行更整体、印象的评估。

回到由科胡特所创立的自体心理学，我们谈论该现象的语言就要随之变换。弗洛伊德的心理结构理论强调自我（ego）是一个具体的内在结构，较少引起现代治疗师的共鸣。而自体（self）是指自我的连续性和稳定性，较易为治疗师所认可。治疗师普遍认为，因压力或紧张而"一蹶不振"实际上是指一种现象，许多当代分析师称之为"缺乏自我协调性"。换句话说，有些人面对应激时，过去形成的自我感此刻变得支离破碎。罗杰·布鲁克（Roger Brooke, 1994）以言简意赅的临床术语描述了自我协调性及其缺失时的特征。

成功的心理治疗可以带来一个重要的、非针对症状的结果：自我力量及自我协调性增强。治疗师希望患者能直面艰难的挑战，而不沉溺于崩溃或毁灭的内心体验。还希望治疗后，患者可以忍受成长过程中出现的暂时的退行和不稳定状态，爱普斯坦（Epstein, 1998）将之形象地比喻为"支离却不破碎"。我有一个患者，过去只要遇到一点小事就退行到妄想性猜疑状态。经过15年富有成效的治疗，现在已有能力应付令她焦头烂额的生活，即使面对丈夫残疾、自己即将失业、女儿被诊断为疾病晚期这样的痛苦事件，她也没有被压垮。尽管她仍然还有许多弱点，但她现在应对这些弱点的方式已经发生根本性的改变，她能运用自我保护的有效策略来最大限度地应对生活中出现的问题。多少有点令我感到惊讶的是，最近她的一个邻居也来求治，因为她钦佩朋友面对困境时的韧性，并对她的治疗史叹为观止。

爱、工作及成熟的依赖

弗洛伊德（1933）曾说过，心理治疗的终极目标是使患者具有爱与工作的能力。然而，他除了含蓄地强调异性依恋与放弃妒忌（女人妒忌男人的威信和力量，而男人妒忌女人显示被动和依赖的特权）之间的关系之外，弗洛伊德很少谈论爱。耐人寻味的是，1906年在写给卡尔·荣格（Carl Jung）的一封信中（McGuire，1974），弗洛伊德的确评价精神分析实质上是"贯穿爱的治疗"，并且他显然认为这是不证自明的。另一方面，后来的分析师极为详尽地讨论了爱（Fromm，1956；Bergmann，1987；Benjamin，1988；Person，1988；Kernberg，1995）。这并不令人惊讶，因为无论是异性恋者、同性恋者、双性恋者，抑或是性无能者，他们如此频繁地前来求治，无一例外地都是为了一个目的：爱。

一旦心理治疗进展顺利，患者会发现自己不仅能更加包容复杂的内心世界和内心真正的自我，而且能包容复杂的外部世界和他人的缺点。他们设身处地、连贯恒定地看待朋友、亲属及熟人，较少凭个人的好恶对他们感到失望。如果人们能原谅自己做了那些当时自己没有理解并不能控制的事情，人们就能原谅他人做那些他们至今仍不理解也无力控制的事情。同样，如果向治疗师坦露自己最隐晦的秘密而对方并未大惊小怪，他们就不再畏惧与对方发展亲密关系，也不担心被对方看透。敌意及攻击的一面一旦被挖掘出来，他们就不再害怕自己会以某种方式伤害那些自己所关心的人。领会了治疗师对自己的同情，他们会扩展对他人的同情。

一个成功的心理治疗还可使患者最终回归工作环境，发挥自己的创造性，并以解决问题的方式取代无助的哀恸。对治疗中的成长历程的最新描述，出自玛莎·斯达克（Martha Stark，1994），她雄辩地证明了治疗中的哀伤过程是从"完全否认"到理性地接受不可改变的事实（及具有一种新的能力，知道什么是可以改变的）的动态演变。正如斯达克所解释的，治疗的第一个阶段是要使患者逐渐接受一个事实——他的心理问题仅反映出运气和天资的偶然性，而非代表其个人的缺陷或失败；治疗的第二个阶段则要使患者痛苦地接受：即使上述情况属实，也只有他能承担起解决自己问题的责任。

尽管艺术家及在任何领域从事创造性工作的人总是担心心理治疗会剥夺他们的情绪灵感（通过解决激励他们活力的神经质问题），但他们显然已经发现，经过治疗后他们的艺术性变得较少冲突性，反而更有章法、更丰富。用戈登·阿尔波特（Gordon Allport, 1961）的话来说，他们的成就超越了孕育成功的冲突的影响。而在求治前，这些冲突则是成功的绊脚石。切西克（Chessick, 1983）非常重视治疗成功后患者从创造性及娱乐性活动中所体验到的愉悦感，因此他建议，应将弗洛伊德提出的"爱与工作"的治疗目标修正为"爱、工作及娱乐"。

在弗洛伊德最早的理论中，他强调"性"处于人类动机的中心地位。后来，有感于人类的毁灭性行为（尤其是第一次世界大战期间），弗洛伊德认为攻击性与性同为基本内驱力。基于上述两个观点，他在后期著作中以性、生存本能与攻击性、死亡本能之间的彼消此长解释了大多数的人类行为。在这个范式中，爱是作为对性的褒义而富有创意的表达，而工作则是对攻击性冲突的积极表达。弗洛伊德的继承者们、客体关系学派人士又添加了一个重要的"第三本能"，即依赖（或依恋）。

弗洛伊德倾向于认为人是互不相干的个体系统，但是费尔贝恩（Fairbairn, 1952）从理论上向传统的弗洛伊德理论提出了挑战，认为婴儿并非追求驱力满足而是寻求建立关系，而鲍比（Bowlby, 1969, 1973）的研究则从实验上证实了婴儿的依恋与分离现象。自此，分析师越来越感到人类联系的无所不在，而我们无时无刻不处于人际关系系统，人的性及攻击本能只是其中的一部分而已。在过去的30年间，涌现了大量关于依恋的文献，因为研究者及临床治疗师不断找到证据，表明人们终生都需要释放各种情感的客体及建立客体关系。自体心理学家关注的另一个相关主题是：人永远需要反照并证明自己的"自我客体"。

所有这些都与成功的动力学治疗的一个个结果休戚相关，即将婴儿依恋转变为成熟的成人依恋。关于"个人独立"的西方神话是站不住脚的，无论从情感的角度还是从实用主义的角度，我们终生都彼此需要。心理治疗无须只关注依赖者，并要将他们转变为独立者；相反要使他们能自然地发挥依赖以最大获益。对于反依赖之人，则要使他们学会向他人提出合情合理的需要。婴儿依恋与成人依恋的最大区别在于：儿童不能像成人那样选择依赖的对象，也没有能力离开并不称职的监护者，而且没有足够的力量去影响依赖对象改变行为。许多来就诊的成人就像陷入了不良关系中的儿童，总以为依赖他人意味着危险。理想的结果是，帮他们认识到原来并非自己的需要有问题，而是寻求需要的方式有问题。

愉悦及平和

我想简明扼要地谈谈心理动力学治疗的最后一个目标，或许这是最令人困惑、最难表达清楚的。尽管我们大多数人都以为我们当然知道"快乐"意味着什么，然而却经常以自欺欺人的方式在寻找快乐。充斥商业化、市侩气息的社会对此可能要承担部分责任，因为我们不断经受着社会严酷的熏陶，似乎只有美貌和富有才能让我们远离失望与痛苦。在一个崇尚个人主义的、充满竞争的社会，我们耳濡目染：每个人只有拥有了想要的东西才会快乐。然而，在许多非西方社会，流行的却是另一番透着大智大慧的思想，即人要学会知足常乐。

精神分析思想是非常奇妙的情感混合体，它绝对是西方的、自我中心的、利己主义的，而且关注驱力满足及挫折（至少最初是这样），然而从一开始它就强调应顺从"现实性原则"、延迟满足及遵循社会规范。正因如此，人们才会将自尊心建立在对整个社会的贡献上，并为了获得更富庶、更恒久的愉悦而放弃即刻的满足。正如麦瑟和温诺克（Messer & Winokur, 1980）

所言，精神分析的世界观是悲剧性而非喜剧性的（是指技术上顺应社会的方面，而非一般词面含义）。分析理论强调我们处于深深的冲突之中，我们多么不愿意放弃婴儿期的愿望，我们多么不得已地作出妥协。随着精神分析治疗方向逐渐趋向人际关系，依恋和分离甚至比驱力和冲突更为重要，因此，对哀伤的重视已替换了驱力紧张。

一个成功的动力学分析能为患者指明方向，使患者相信快乐可望而可即，患者的这种态度最终可利于治疗。人们的病态信念及维持自尊的独特方式常常与期盼内心的愉悦及满足背道而驰。他们常常为本来就无法办到的事情而悲伤，并且沉溺在空想事情成功的窃喜之中。通常在心理治疗的后期，患者会说，他以前只知道什么叫"销魂"或"心情愉快"，而自己在治疗中不知不觉出现的心平气和是以前想也不敢想的。对于没有性体验的人来说，性高潮是不可思议的；而对于没有做过母亲的人来说，分娩的阵痛和激动亦是无法理喻的；情同此理，对于贪恋眼前一时的享乐与得意的人来说，真正的平和简直令其难以置信。

案例分析更多是为了治疗而非研究

显然，动力学案例分析与根据 DSM 作出的症状匹配诊断是两个迥然不同的过程。正如我在任何场合都宣称的那样（McWilliams，1998），治疗师与研究者对诊断过程的敏感性是截然不同的。例如，治疗师会格外关注在治疗过程中发生了多少非言语形式的交流，包括面部表情、体势语言、语音语调、寓意深长的沉默、近乎幼稚的问题、迟到、付费方式、装假及其他需治疗师凭主观想象去破译的非言语信息。他们学会信任自己的临床直觉。从 DSM-Ⅲ 问世（1980）以来，DSM 的修订者竭力想减少评定者主观性对诊断的影响，以使所有研究者都能对患者的异常心理作出统一客观的测量，这种做法尽管提高了诊断的信度，然而对诊断的效度并无任何影响（Blatt &

Levy，1998；Vaillant & McCullough，1998）。主观性对于洞察特定行为的意义是至关重要的。

即使是DSM-Ⅳ的极力推崇者也承认，其中对于人格障碍的诊断是有问题的。业内人士不断抱怨，符合某种正式分类标准的患者通常也符合其他一种或多种分类标准（Nathan，1998）。换句话说，在DSM中以行为来定义异常人格，这种描述并不能很好地区分不同的人格异常，更不用说把握任何患者特定"异常"人格的特征性。我们也不应奢望如DSM之类的疾病分类系统可以做到这一点（Clark, Watson, & Reynolds，1995）。案例分析是一门艺术，如同任何其他艺术一样，并无固定的程式可言。

遵循经验主义、实证主义传统的研究者以简单明了作为解释病情的尺度，而临床治疗师则更注重多维的、重叠的因果关系。换句话说，在设计研究计划时，研究者试图将各个变量独立开来，以揭示特定的因果关系，并排除其他可能因素的沾染。与此相反，为了理解某一不良行为的意义，治疗师特意要寻找许多可能因素，而其中任何一个因素都绝不可能单独导致这一症状。被患者看成"要事"的任何事情，往往都是"交互作用"的结果，而非由某一孤立的变量所引起。例如，我的一名肥胖患者，在成功节食及减肥之前必须意识到，以下所有这些都是造成她体重问题的因素：（1）可能存在超重及低血糖趋势的遗传倾向；（2）有一位过分关注其饮食习惯的母亲（在婴儿期即开始严格定时喂养，长大后绝不允许剩饭，否则就施以惩罚）；（3）利用食物来分散焦虑和羞耻感的家庭模式（只要谁不开心，母亲就拿奶酪蛋糕来安慰）；（4）对敬爱的肥胖祖母表示认同；（5）孩提时被他人调戏却因此受到责备（导致她想以外表来形象地表明自己缺乏诱惑力）；（6）放学后回家并吃点心可以令自己舒服，从而形成一种仪式性的缓和悲伤与孤独感的方式；（7）形成一个寓意反抗性的自我意象，其自尊源于才智而非体态的优美；（8）目睹了父亲因患癌症而死亡时的形销骨立，令她在无意识中相信体重减轻是死亡的先兆和原因。

在精神分析治疗中，正是对于许多不同因果关系链索的解释最终促使患者掌握了他们力求改变的模式。因此,当试图理解一个复杂的人及其复杂的困境时,治疗师往往循循善诱,在倾听的同时,领会字里行间的含义,并逐渐勾勒出事情的来龙去脉,我认为这些问题与一个成功的案例分析最为相关,而本书的其他章节正是围绕这些问题展开讨论。尽管并不全面,但如果治疗师对其中每个问题都了如指掌,他就会驾轻就熟,帮助患者将忍受痛苦转化为控制痛苦。这些问题包括以下8个个体心理领域:(1)气质及固定的归因模式;(2)成熟过程;(3)防御方式;(4)中心情感;(5)认同;(6)关系图式;(7)自尊调节;(8)病态信念。

因此,理解我刚刚提及的肥胖症患者时,重要的是与她一起达成以下共识:(1)她需要采取特殊的策略来对抗暴饮暴食的遗传倾向,改变饮食习惯以防止低血糖;(2)在其发展早期,她就已经形成一种观念,即最好现在就将所有食物都吃完,因为接下来的4小时不一定有吃的,在其发展后期,她又以为如果剩饭会对母亲造成伤害;(3)她应该学会用其他方式处理焦虑情绪,以此代替大吃大喝;(4)当感到不开心及孤独时,冲个热水澡,给朋友打个电话,或逛逛商店,以使自己平静下来,当然,还须哀悼自己在生活中遇到的不幸,最终她可以从慢性悲伤中走出来;(5)她相信,只要自己有了祖母那样的肥胖身材,就可以魔术般地拥有祖母那样的优秀品质(同样,只要不像母亲那样瘦,就可以避免她的不良品质);(6)认识到自己仍生活在创伤后心理状态中,视他人为潜在的调戏者及责备者;(7)她在青少年时期用来支撑脆弱的自尊心的价值系统,现在阻碍了她从适度的虚荣之中获得享受及利益;(8)只要体重减了几磅,她就会感到莫名的惊恐,在无意识中害怕自己会如父亲般死亡。

必须强调的是,只有在追溯治疗过程时,所有这些决定因素及其治疗意义才能如此明晰。通常,只有某些心理特征在作初步假设时就能考虑到,而其他特征则须在治疗过程中才会陆陆续续地浮现出来。通常,治疗师认为,造成患者特殊遭遇的原因彼此关联;并确实发现,某些领域的问题一旦理清了,其他领域的问题就豁然开朗。动力学分析虽然只能触及个性特征中的一点皮毛,但在引导患者进入一个医患双方都有可能迷失的领域之前,了解这点皮毛也是极为重要的。

小　　结

心理动力学案例分析试图较全面地了解患者,从而为治疗提供方向与基调。疾病诊断过程是将可观察的行为与一系列症状相匹配,与此相比,动力学分析更具推理性、主观性及艺术性。它主张心理治疗的目标不仅是缓解症状,而且要考虑以下各方面的发展,包括内省力、自主感、认同感、自尊心、情感处理、自我力量及自我协调性、爱、工作及娱乐的能力、整体健康感。我认为,治疗师只要注意以下8个领域的问题,就可以对患者的人格及异常心理作出成功的初步分析:(1)气质及固定的归因模式;(2)成熟过程;(3)防御方式;(4)中心情感;(5)认同;(6)关系图式;(7)自尊调节;(8)病态信念。

第 二 章
访 谈 指 导

在第一章，我列举了一些动力学分析应涵盖的特定领域，这些领域对于了解独特的患者是必不可缺的。在正式讨论这些问题之前，我将简述一下临床访谈的价值及相关机制。关于如何进行初始访谈，有几本优秀的著作可供阅读，但是，很少有著作从精神分析的角度阐述如何了解患者。此外，多数访谈关注的只是准确地标识患者的问题，而并不关注得出诊断与建立治疗关系之间的联系，而这种联系，恰恰是本书的重点。

读者若想对案例分析的传统精神分析理论有一个基本的了解，可以阅读麦瑟和伍立兹凯（Messer Wolitzky，1997）的有关著作。未受过临床访谈培训者，我的前一本书《精神分析诊断》（McWilliams，1994）也许能提供些许帮助，该书附录中列出了大多数治疗师在访谈时所需询问的主题。尽管这是一份相当全面的问卷，但它可能过简，也可能过繁。说过简，是因为它并未具体列出面对特定症状的患者，治疗师应该问些什么；说过繁，则是因为我怀疑，自己与患者访谈时能否这样面面俱到。初始访谈经常往返徘徊，那是因为治疗师必须遵从患者意愿安排访谈，而不允许其刻板地遵照某一个程序。我如果作为一个患者，就不愿意去看那种因循守旧、照本宣科的治疗师。他应该静静地倾听我讲述，对我的问题、根源及后果给出他的解释。

当我阅读某些治疗师的著作时，我常常忍无可忍，因为他们从来不详细描述具体的访谈内容，而大多采用笼统的、抽象的而非具体描述的语言。为了避免别人在阅读本书时也有同感，在以下的论述中，我尽量地将问题具体化。在后面的章节中，我将会讨论许多具有实际临床意义的理论问题，但在本章我只谈临床访谈的过程，包括影响治疗师引导该过程的因素。

我的初始访谈风格

自从《精神分析诊断》一书出版以来，我已经不止一次地被人问起，如何才能获取所需的信息，从而可以按照该书中所说的那样，对患者的人格进行分析推论。我一直犹豫不决，不知将自己的访谈过程作为临床范例展示给读者是否妥当，因为在我看来，每一个治疗师都应形成与自己的人格、气质、信念、培训经历及职业地位相称的访谈风格。我的访谈方式是适合于我的，反映了我的个人类型，但却可能并不适合其他环境不同、类型不同的人。但鉴于具体举例说明治疗师如何开展工作的需要，也为了弥补访谈操作教学方面的不足，下面我就描述一下自己常采用的初始访谈模式。如果我的患者阅读本书，他们中的大多数人可能会提出抗议，认为我根本没有按部就班地采用这种方式来治疗他们，并且他们确实是对的，因为那实际上不过是我头脑中的一个框架，引导我进行访谈。

读者应该记住我的临床条件，我私人开业，在家里的诊室接待患者。如果我的日程安排满了，无法接待新患者，我会电话通知他。然后，征询患者的意见，是否能来面晤，以便我能了解一些基本情况后，恰当地转诊。当我正式开始初始访谈，就意味着治疗的开始，除非患者感到我们之间的气氛不够融洽，主动提出终止治疗关系。有些治疗师采用先访谈数次，然后决定患者是否进入分析治疗。而于我，初始访谈通常就是治疗关系发展的开端。大多数来诊者都是自愿、单独前来的，尽管其中包括相当数量的边缘型及精神病性患者，但很少有严重精神错乱、极度危险、或需立刻住院者。

我与患者的首次接触，常常是通过电话：患者打来电话，并说明为什么考虑需要治疗。我听他们谈几分钟，回应几句以表明我理解了他的意思，以此建立良好印象，然后开始约定我们访谈的时间。我会介绍一下我诊所的方位，并记下他的电话号码，以备重新安排时间。如果对方询问我的收费、培训经历或理论取向，我会给以答复；当然，有时我会记着以后去弄明白，对方为什么提这样的问题。如果患者打来电话时我不在，我会根据录音回电话；我以"南希·麦克威廉斯"介绍自己的身份，而不是"麦克威廉斯医生"，因为很可能并不一定是患者接的电话，而据我所知，患者常常会对家庭成员隐瞒自己正在求诊的消息。我想，在这种情况下，对暂时保密的患者而言，"谁是南希·麦克威廉斯？"和"打电话给你的医生是谁？"这两个问题比起来，前者显然容易回答一些。

到见面时，我会与患者握手，将他/她迎进诊所，任其选择他/她感觉舒服的位置就座，并解释，我之所以要坐在我的桌子旁，只是为了方便记录。我问完"能把你的问题告诉我吗？"就开始倾听。只要患者的叙述能传递信息，我很少说话。如果我发现对方羞于启齿或欲言又止，我就提许多问题，以免陷入令人难堪的沉默。我认为，如能减轻患者的焦虑越多，就对患者越有利。向陌生人敞开心扉是令人生畏的，因此，我会尽力降低患者的恐惧。我的笔记通常很详细，既是为了记下重要的信息，也是为了给自己一个任务，以分散我自己对新情境所产生的焦虑。

大约45分钟后，我会询问患者"与我交谈有何感觉""你是否猜想治疗会很舒服"。在访谈的最后几分钟，有几件事须完成：(1)让患者知道我在认真倾听，以及我能理解他/她的痛苦；(2)评估患者听到我对问题的初步分析后的反应；(3)帮助患者建立希望；(4)订立契约，包括确定访谈日期、访谈时间长短、费用、取消访谈的规则、保密原则等。有些治疗师准备好书面合同，发给每一位患者。我没有这样做。但为了清晰明了而且标明责任义务，这可能的确是个好主意，尤其是面对许多边缘型、精神病性及在其他方面错乱的患者。最后，我会请患者在加入治疗前，提出任何他想与我交流的问题，除非有些问题让我觉得很不合时宜，否则我会一一作答。如果患者首次访谈时并未充分讲述我通常想了解的背景情况，我就告诉他/她，下一次我想对他/她进行全面的了解，以便于我更好地理解其问题的来龙去脉。我之所以这样做，有以下理论依据。

诱导患者对治疗师作出反应

询问患者对访谈有何感觉，不仅仅是为了了解我们是否继续治疗关系，同时，也是想传达这样一个信息：我很在乎他/她如何看待治疗关系。这样做，能使一些潜隐、模糊的移情浮出水面（如，患者会说"我感到很舒服，但我自己也感到奇怪，因为我本以为告诉一名女治疗师这些会很不礼貌"）。这样做，也提示患者治疗的合作性；也就是说，明确强调我的被雇身份，我想把工作做好，患者有权对我品头论足，如果感觉我们之间的合作毫无进展，他有权终止关系。

在我看来，尽管患者有移情需要，治疗师有自恋需要，而治疗关系——至少在私人开业的供求关系中——在本质上是平等互惠的。患者通过付费来得到服务；而我通过理解和支持为患者提供帮助。这种关系与朋友、亲属或其他人之间的帮助不一样。我也不能期望从患者那儿得到情感支持作为回报。即使如此，心理治疗关系也决不是像有些批评人士所断言的"付费友谊"（Schofield，1986）。朋友关系是相互的，彼此坦诚相待，互相呵护。而心理治疗中的互惠则是用经济交换情感支持及专业技能，体现的是人的互利平等而非关系上的均衡。

表达对患者的理解

当患者来看治疗师时，他们通常害怕被审判、被误解或遭到职业蔑视。他们常常对自己的症状不知所措，羞愧难当；或认为自己疯疯癫癫，不着边际。我首先试图传递的信息之一，就是他们的问题并非不可思议。第一次访谈没有时间作可信的、详细的解释，但是治疗师可以说"根据你对你父亲的描述，我可以理解为什么你与老板不和"或"我注意到你丈夫去世整整十年了，因此很可能你的抑郁是一种周年忌日的反应"或"你一直挥之不去的思维是常见的创伤后遗效应"，诸如此类的话能给患者极大的帮助。

在初始访谈中，我只是试探性地发表以上看法，并请患者判断我的想法是否正确。患者感到越困惑，这种说法就越值得推敲。通常，严重障碍患者只知道自己"脑子有病"或"先天缺陷"，除此之外，既不知道这是否真实，也不知道为什么有的时候特别痛苦，更不知道是否有可能通过心理治疗获得有效的帮助。当他们不得不来求诊时，他们才惊悉，有许多方法可以让自己的异常心理为他人所理解。如果需要对这种初始访谈交流的基调和引导有一些感性认识，我向你们推荐哈里·斯达克·沙利文（Harry Stack Sullivan，1954）的著作。

评估患者对初步分析的反应

当与患者交流我对他/她问题的初步理解时，患者对此作何反应，很大程度上提示了他/她将来在治疗过程中如何表现。有些患者立即赞同我的看法，其他患者则会立即反对；有些患者会感到受了责备，而另一些患者则感到治疗师表达了深深的投情。有些患者不能采纳任何解释，因为他们感觉治疗师似乎在展示胜人一筹，借此羞辱自己。其他患者则感到，如果治疗师所能做的只是假作同情、哼哼哈哈，他们还不如对牛弹琴。

对治疗师的期望，每个人都各不相同。记得我接受精神分析的自我分析治疗时，我更愿意自己去弄清每一件事，这种态度反映出我具有反对依赖他人的人格特征。我需要分析师的帮助，也需要他帮我指出我的移情反应，但我喜欢由自己去验证别人的解释是否合乎道理，这种感觉在治疗早期尤甚（最终，我花了两年多的时间才了解并改变了我的反依赖人格，开始对分析师所说的话感兴趣）。因此，经典的精神分析式的沉默及节制，在对我的治疗过程中，显得尤为适宜。然而，当我自己成为精神分析师时，我惊奇地发现，多数患者想从我这里获得的信息，远远超出了我当时对我的治疗师的要求。事实上，当我鼓励他们凭一己之力去理解自己时，他们有种强烈的被遗弃的感觉。所以，在初始访谈中，治疗师必须了解，患者是如何接受解释的。这样，他才能调整自己的临床风格，使其与患者的特定需要相契合。

给患者以希望

信心备至地相信治疗师能帮助自己的患者，可能只有一小部分。大多数患者已尝试过各种解决自己心理问题的方法，从主观否认到凭意志克制，从自助书籍到偏方治疗，无一奏效。求助于心理治疗，常常已是孤注一掷。显然，患者对此也只是无可奈何，或者干脆是死马当活马医。无论我们多么热爱我们的职业，治疗师若以为公众对精神卫生从业人员有很高的评价，那可就是自欺欺人了。心理治疗师被普遍看成——也不是没有一点道理——是本身具有严重心理问题的人，他们从事心理治疗只是能让自己知晓，还有更多的人也同样精神失常。这样看来，大多数患者对能否从治疗中得到帮助深表怀疑，也就不足为怪了。而只有当他们遇到一位真正的治疗师，一个头脑清醒、足以胜任的治疗师，也许他们才会找到一线希望。

有时，治疗师简单的一句"我想我能帮助你"，就会让患者又惊又喜。我发现，在初次访谈结束前，一旦对患者有了初步的了解，我常常这样说，或常常这样暗示。以下这些话也表达了同样的意思："你的问题是日积月累、根深蒂固的，我想我能帮助你在这些方面有所好转，但这需要一定的时间"或者"我想我能帮助你，但你必须进戒毒所或参加其他成功率较高的戒毒活动，以戒除你的毒瘾"或者"我想我能帮助你理解并处理长期存在的、与他人的关系问题，其实那可能是恐惧症造成的结果；但是，如果你想迅速摆脱这种阴影，也许你得首先或同时去看我的一位同行，他专门从事恐惧症的短期治疗"或者"我相信我能帮助你，条件是你必须同时去看精神科医生，他们会针对你的情绪障碍给予药物治疗"或者"我看得出来，你对可能改变并不抱任何希望，尽管感到徒劳无益，可你还是来了。我想，过一会儿，我们双方都会重新燃起希望的。"

商洽治疗契约的具体事宜

访谈日期及时间长短

医患之间治疗契约的任何具体事宜都绝不能含糊不清。一旦双方决定开展治疗，初始访谈的一个重要内容就是确定访谈日期。保证访谈日期的规律性是很重要的，除非患者的作息安排身不由己（如某些专职音乐家及其他演艺人员），这时治疗师应毫无怨言地为其灵活安排访谈时间。还有一点也值得重视，即治疗师不能限定一个他不愿意的访谈时间，如早上太早或晚上太晚。在初始访谈时，诸如此类的措辞我会很谨慎："每次访谈45分钟。有时我可能会超时几分钟，尤其当你谈话非常投入时，但通常我会按时结束。"偶尔，患者会要求，最后五分钟时，我能否给他们一点提示。通常我答应这样做，不过，事后我会探究在此请求背后所隐含的意义。我的诊所里有一面钟，正对着患者，患者提出这类请求，常常暗示他在掩饰其依赖需要，并/或对治疗师准时结束访谈抱有一丝敌意。

费用问题

多数初为治疗师者均发现，直接与患者谈论费用问题真叫人难以启齿。还记得初始执业时，我感到从感情上很难想象，自己如醉如痴地追求的事业竟然还要索取报酬。许多治疗师都低估了自己及其为患者提供的帮助，如果要价与自己的督导老师不相上下，他们就会因感到这种竞争而焦虑不安。但是不久，就连自命清高的治疗师也不得不承认，这也是自己谋生的方式。这项工作要求治疗师不断付出，竭尽全力。当然，这种赖以生存的工作也给治疗师无穷的精神回报。既然金钱是医患关系中不可回避的现实，那就应该开门见山、坦坦荡荡、公道适度地向患者收取费用。

这种态度表明治疗师恰如其分地关心自己的利益——这为自虐患者树立了一个特别好的榜样。对于那些喜欢探听虚实的患者，也不无裨益。我曾经治疗过一位精神科医生，事后他告诉我，我所做的最具治疗意义的事情之一恰恰发生在初次访谈时。当他向我打听收费标准时，我反问，他与患者会谈45分钟收多少钱。他把他的收费标准告诉了我，于是我就顺水推舟："对我来说，这个价格也很合适。"事实上，他给的价格比我平常的收费高，但我的直觉告诉我，如果某位治疗师的收费标准比他的低，他会打心眼里看不起他（见第9章）。至于这种交流为什么具有治疗意义，他解释说，他需要确信我能照顾自己，而不是像他母亲那样任人摆布。

但这并非我定价的习惯做法。通常，我只简单告诉患者："我的收费是_____。对此你有什么异议吗？"如果患者能举出合理的理由，说他承受不起我的常规收费，我愿意少收一点，对于那些希望治疗不止每周一次，并可能从中受益的患者，我尤其愿意提供优惠。（因为我乐意治疗承受不起市场价的患者，我每周留出4小时接待他们，只收取相当低廉的费用，当我开设这种低廉收费服务后，我就把不太富裕的患者安排在那个时段，并解释我每周提供一定量的低廉收费服务。）我还问患者是愿意每次会谈结束后付账呢，还是每月结算一次，如果患者按月付账，我接着会告诉他，希望在每月中旬能收到他的支票，因为不这样清理我的财务，我可能就会负债累累。我会问患者是否需要账单，或者需要任何保险凭据。如果账单要交给第三方，我会要求事先付款，然后把报销凭证给患者，并解释说，这样做是因为，不管保险公司出了什么差错或延迟付款——以我的经验，这种错误并不鲜见——起诉保险公司、要求赔付的将是患者，而不是我。

我不与医疗管理机构有任何瓜葛。当患者的治疗费用牵涉到医疗管理机构时，我会解释，为什么我认为医疗管理机构的管理体制使人无法进行规范的心理治疗。就在最近（近来一直有传言），多数患者惊闻，医疗管理机构不能保证治疗的保密性。更骇人听闻的是，尽管医疗管理机构吹嘘自己能为保民提供全程的心理治疗，但事实上，他们提供的仅包括短程的危机干预。医疗管理机构用瞒天过海的手法贬低精神卫生服务，使许多人得不到心理治疗。我希望，到本书出版之时，将会发生一场声势浩大的公众运动，以改变本质上具有缺陷及无效的"融资"体系,在这个体系中,本该用于偿付卫生保健的钱,现在竟成了公司的利润。

医疗管理机构之所以反对治疗,是出于强烈的经济动机,与这样的公司合作,将面临一个具体而实际的问题,即如果治疗师认为患者应该继续接受治疗,因为他/她的疗效显著,这时,公司经理们会说:"既然你达到了重大的治疗目标,那就该结束治疗。"另一方面,如果治疗师表示患者尚未取得满意的疗效,需要更深入或长期的治疗,他们的反应可想而知:"显然你并不适合患者,我们将终止你的治疗,而求助于药物治疗或其他治疗师。"因此,无论患者是否好转,都可以成为终止治疗的借口。一旦患者了解了医疗管理机构的庐山真面目,他/她往往宁愿自己掏腰包。这时,我会与患者商洽一个他力所能及的价格,使之不会因此连累家人——也是我能接受的价格,从而不过分损害我家人的利益。

取消访谈的规则

不与患者订立有关取消访谈的规定,在治疗师中占少数,而我是其中之一。我的同行们大多规定,若患者未事先及时通知就擅自取消访谈,则必须偿付全额或部分访谈费用。常规做法是,若患者未在约定日期前24小时通知治疗师取消访谈,则他/她将偿付此次访谈的费用,除非双方同意另外安排时间弥补。这方面的极端例子是:要求患者只能在分析师度假的时段去度假,否则,即使是事先安排好的家庭度假,也无一例外地必须为取消治疗付费。这种措施有时对于治疗师维护自尊及有效工作,还是相当重要的。

有关取消访谈的规定为弗洛伊德(1913)首创,他认为,一个专职分析师只治疗少部分患者,因此,每一小时都必然与治疗师的收入息息相关,所以,理所当然,患者"租用"了某一约定时间,并为之付费,而不管他是否真正享用了该时间。换句话说,弗洛伊德认为,接受治疗应比拟为加入研究生课程班:你偶尔可以旷旷课,但是你仍须交付整个课程的费用。以我看来,订立一些行之有效的协议规定,实为免除治疗师的不满情绪。如果治疗师感到患者轻视或剥削自己，就难以怀着真诚的愿望去帮助他。

尽管有以上考虑，但在这些事情上，弗雷德·弗洛姆－雷治曼（Frieda Fromm-Reichmann, 1950）对我的影响之深已超出了弗洛伊德对我的影响。弗洛姆－雷治曼认为，不管何种理由，为没有兑现的服务付费，这并非我们这个社会的惯例；并且无论如何，一个忙碌的治疗师可以充分利用因访谈取消而空闲的时间。她感到，如果患者采用某种形式取消访谈，无须惩罚，治疗师应该就此工作，从而有效地从该行为引申出进一步的问题。另一方面的问题是，保险公司并不支付旷废的访谈费用（他们将此规定视为诈骗，或是治疗师将贪婪合理化）。因此，面对参保的患者，治疗师不得不将保险公司可支付及不可支付的费用——记录在案。我发现这种记录比不收费还麻烦。而且，我个人更缺的是时间而非金钱；我往往很乐意有一小时空暇。尽管如此，我还应该提醒读者注意，对于显著异常的患者，我会区别对待。从治疗一开始我就制定了严格的规定，无论来不来，均要求患者必须为每次访谈承担经济责任。

之所以不对旷废的访谈收费，原因是我在家里办公。当某位患者取消访谈后，我不会因在较远的、"租来的"房间里无所事事。我总是可以利用这段时间，做职业事务或家务。然而，如果我在诊所里望眼欲穿，而患者就是杳无音讯，我也会毫不留情地收取费用。我不会在初次访谈时就交代对"擅自缺席"的收费规定；如果此类事件发生，我就提出来，并只在介绍该规定后才执行。老练的患者常常主动询问有关取消访谈的规定，如果他们对于我的规则表示惊讶，我会乐于向他们介绍我的理念。

诊断

早年参加治疗师培训时，我曾师从权威的精神科医生，他们极力推崇的理念是，不应该将诊断结果告知患者。之所以这样做，公开的理由是诊断结果可能会令患者难过，并可能导致理智化防御。那时，我就对此观念不以为然，如今更是嗤之以鼻。在我看来，这是治疗师通过高深莫测来营造自己至高无上的权威。然而，在心理治疗中，故弄玄虚绝无立足之地（Aron, 1996）。事实上，任何参保的患者都能通过比对账单及诊断标号而获知自己的确切诊断。就算抛开这点不谈，将诊断结果告诉患者，向其解释疾病的基本知识，并共同选择合适的治疗方案，这些做法在我看来，体现出治疗师对患者起码的尊重。我还认为，对患者隐瞒诊断结果，似乎强化了一个观念，即情绪问题多少是可耻的，因此我们必须委婉而非直言不讳地传达信息。

有时——尽管不规范，但却似乎合乎情理——我会将诊断标准告知患者，指出与他/她求诊问题相关的一种或多种诊断类别，并询问该诊断是否较准确地符合他/她的主诉，或者哪两个可能的诊断更为准确。因此，诊断由我们双方共同斟酌、确定。有时，这种征询过程会引出许多有用的信息。我的一个患者，当他读到诊断名称下面的症状描述时，脱口而出："噢，我忘了告诉你，我也有这个问题，我还以为这没有关系。"有一位女患者，我花了几个月时间才诊断她为躁狂症（因为她只表现出易怒，感觉更像边缘型人格而非躁狂），当我暗示她可能为双相情感障碍时，她开始对照DSM，一读到那一系列症状，她就叫起来："我脑子里的想法确实很活跃（思维奔逸）！而且我逛商店逛个没完！"而在躁狂状态时，她总是表现出无比的愤怒，根本无暇提及与其情绪相关的事宜。

另有一位多疑的女患者，如果我单方面下一个诊断，我会感到过于主观，过于唐突。当我告诉这位女患者，我需要提供一个参保认可的正式诊断时，她问我能否让她查阅DSM（DSM-Ⅱ[美国精神医学协会，1968]）。我告诉她，鉴于她想通过治疗改变某些模式化行为方式，因此人格障碍也许是最值得考虑的。她仔细阅读了相关内容，最后非常满意地宣布："这儿：妄想型人格障碍！看，高度敏感、拘谨、多疑、妒忌，并喜欢归罪于别人！看上去与我完全吻合。"事实上，这个（正确）诊断是她自己得出的，寻找合适诊断的过程，使她从全新的角度去审视自己的多疑状态，而如果只是由我给出相同的诊断，可能只会使她感到我的独断独行。

我强烈地感到，诊断过程应该与治疗过程一样，遵循知情同意原则。职业治疗师也许比患者拥有更娴熟的专业技能及更渊博的心理学知识，但是患者对自己的具体感知为治疗师的诊断提供了基本素材。安东尼·海特（Anthony Hite，1996）最近写了一篇关于"诊断联盟"的论文，极具说服力地推荐这种态度。再者，如果治疗师以通俗的语言向患者解释，那么，疾病分类表中根本就没有什么是患者不能理解的。想当然地认为患者不能理解，或他们一旦听到诊断的专业术语就会难过等，在我看来，只是治疗师沉溺于虚幻成就感中所需的托辞。

我还认为诊断存在着不可避免的弊端，因为没有一种情况会与诊断名称毫厘不差，诊断，应该只是复杂情况中最接近的状况。正如我详尽论述的那样（McWilliams，1994），无论是 DSM 分型，还是描述性的精神病诊断，都过于概括，在临床上缺乏特异性；但是如果治疗师需要向第三方提供正式诊断名称，DSM 是我们目前拥有的最佳及最通用的分类法。像多数执业治疗师那样，一旦感到对患者的独特心理胸有成竹，我就不会将自己的思维拘泥于局限的分类法上。我希望患者从一开始就了解我的指导方针：我想知道他们究竟是什么样的人，而对其症状与哪种诊断类型匹配并不感兴趣。当然，我并不反对他们了解载入病历的诊断。

请患者提问

在访谈结束前，我总是询问患者，有没有什么问题需要我回答。这时候，有一半以上的患者会说，没什么要问的；他们感觉与我相处很愉快，并期待进一步与我合作。而有些患者，或许是因为对治疗很老练，又或许是因为天生具有敏锐的直觉，他们会说，并不想了解我的任何事情，因为他们感兴趣的是：自己对我有何猜测。其他患者则想知道一些非常具体的问题：我的治疗取向是什么？我在哪接受的培训？我是否做过自我治疗？我有孩子吗？我有没有搬家或退休的打算？我身体健康吗？我的宗教信仰是什么？我对笃信宗教的人有什么看法？我的政治信仰是什么？我会不带一点偏见地面对独特的性取向者吗？我是否专门接受过针对创伤的训练？

我会言简意赅地直接回答诸如此类的问题。我觉得，在决定雇佣某人时，要求对方回答自己提出的问题，是消费者的一个基本权利。尽管这样的质询确实总是暗示，可能有更深层次的问题有待挖掘，然而，我认为，初始访谈似乎并非追究原委的最佳时机。双方仍然在缔结治疗契约；雇主（患者）尚未赋予治疗师开始解释其问题的权利。对于患者的心理形成意味深长的任何事情，无论是否已在之前的访谈中显现过，都将会通过移情反复再次出现。回答此类问题，我往往这样说："我很高兴回答你的问题，但是你能否先告诉我，为什么了解这些对你来说那么重要？"因为这种提问犹如探针（Weiss, 1993），它可以帮助治疗师了解，在这些要求背后隐藏着患者什么样的想法。而在治疗开始后，我会对患者的问题采取截然不同的态度，更多地思考他为什么会提出这个问题，而非简单作答。

尽管极为罕见，但确有人在初始访谈时，提出不合时宜的问题。例如，曾有患者问我是否有过同性恋关系；还有一次，患者问我是否有过婚外情。我认为，在这种情况下，既要诚实又要自我保护。我会说："我能理解为什么了解这些对你来说很重要，但是，我的性生活对我来说是相当私密的事情，回答这个问题会让我很不舒服。你是否担心，因为没有这样的经历，我不能理解你？"诚实与坦露隐私不可同日而语，尽管治疗师有分寸的回答可能会挫伤患者的好奇心，但也常常可使患者感到释然，因为他能同时感到治疗师的尊严和可依赖性。

让新患者准备提供个人史

除非治疗师在初始访谈时已经全面得到患者的个人史（这是培训治疗师的目标，但能做到者寥寥无几），否则在访谈结束前我会说："今天就到这，我们下周二9点再见。下次，我希望全面了解你的个人情况——包括你的父母，他们是什么样的人，你的童年，对你有重大影响的事件，你的性生活史，你的工作史，你的治疗史，你的梦等。这会使我了解一些来龙去脉，从而有助于理解你今天所谈的事情。所以，在下次访谈时，你是主角，你把你认为重要的任何事情告诉我；我要做的就是倾听你的诉说，并帮助你理解你的思想及情感所蕴含的意义。你看这样可以吗？"

我这样说，不仅仅是为了降低多数患者所感到的焦虑，而这种焦虑是所有涉入不明环境而又须敞开心扉的人所必然会产生的，还为了鼓励患者开始思考他/她的成长过程对当前问题的影响。在治疗过程中发生的许多事情，也会在治疗时间之外影响患者的生活。在我尚未获得足够的资料以确信理解患者的问题之前，这种做法也正好可以缓解我的焦虑情绪。

与患者分享动力学分析

一个完整的动力学分析远没有确定诊断那么简单，因为它至少包含了后面章节中所涵盖的八个主题。但是，与患者分享 DSM 诊断的原则，却同样适用于动力学分析，两者都应切记：所有假设都只是推论，具有局限性，应与患者共同检验其真实性，双方在不断理解患者心理的基础上，不断修正与完善这一假设。虽然分享动力学诊断应该有度有节，但患者随时有权知道治疗师对自己问题的假设。事实上，治疗师将问题起因及作用的初步结论告知患者，可以为建立良好的治疗联盟打下坚实的基础。

除了动力学分析，治疗师还应该就目前的推断假设与患者分享自己的治疗设想，治疗师的理念，应能转化为患者的希望和良好的治疗联盟。因此，治疗师也许可以这样说："迄今为止，根据你的诉说，我能理解，你之所以会出现抑郁情绪，是因为你经历了如此之多的丧失，却从未真正地去哀伤；使你无法这样做的原因，是因为你的家人谴责你'自怨自艾'。你或许也发现，你对此及其他让你感觉无法宣泄的事又悲又恨；如果我们能触及这种悲伤及愤怒，你的抑郁情绪也许就会消除。此外，我们还能看到，你的家庭具有先天的抑郁气质。看来，你以前并不了解上述这些，也没人帮助你了解为什么容易产生抑郁，更没人帮助你控制这种情绪。你认为是这样吗？"下面是另一种与患者交流动力学分析的可能方式："听起来，你好像天生害羞，而且敏感；家人似乎也对此束手无策，不知道怎么帮助你勇敢地面对周围人。他们强行把你拽进社交场合，令你如坐针毡，结果他们却总是好心办坏事。由于接二连三的社交失利，你开始怀疑自己是个异类，所以，最终你只跟自己及自己的思想交流。你感到孤独，然而一旦产生想亲近别人的念头，又令你恐惧不已。于是，老板批评你时，你会更加自我封闭，以至于产生幻听。我们需要解决的问题是，怎样使你与别人交往时感到轻松自在，也包括我；其中还会涉及，如何看待那些你自认为使你异于常人的事情。一旦我们理解了你的某些困惑所蕴含的意义，我想你会发现，其实你并不古怪。在这期间，如果你仍然出现幻听，也许你愿意考虑去看精神科医生，他们可以给你用点抗精神病的药物。你明白我的意思吗？"

向患者宣教治疗过程

正如不应该向患者隐瞒诊断结果及动力学分析一样，治疗师也没有理由讳言任何治疗的原理（Etchegoyen，1991，关于民主式与独裁式契约）。通常，日常语言而非专业术语，绝对足以表达为什么治疗师会对倾听患者的梦（"我经常发现，当在意识水平似乎什么都想不起来时，患者的梦可以包含许多关于其深层困惑的信息"）或自由联想（"患者的谈话越是不存芥蒂，治疗师对他的理解就越透彻；如果患者发现自己疑虑重重，无论如何要试着把它说出来，或者至少应该告诉治疗师，是什么使自己难以启齿"）或记忆（"通常，解决问题的第一步是了解它产生的根源"）感兴趣。

同理，患者对治疗师的反应，也是令临床治疗师感兴趣的事情。当询问患者对治疗师有何想法及感觉时，许多患者多少有点瞠目结舌：这不是他们期待谈论的问题。他们怀疑治疗师之所以这样问，是因为他/她没有把握，或者为了满足虚荣心，或者觉得不自在。在治疗早期，当问及患者对我的感觉如何时，如果我发现他/她似乎手足无措，我会这样说："我理解，这样直截了当的问话方式很奇特，尤其当你对我颇有微词时，也许还令你感到尴尬。但在某种意义上，治疗机会是学习发展亲密关系的一个缩影；而且通过探索存在于你我之间的情感，我们有机会重新审视那些可能在其他场合发生在你身上的情感事件，而这些体验，没有人会在社交场合谈论。你也许会发现，对我的感觉其实就是你现在或曾经对他人的感觉；一旦我们理解了这一点，应有助于你了解并改变自己。"

治疗中某些更深奥难懂的问题，也可以如此深入浅出地作出解释，包括著名的精神分析躺椅。躺椅并无任何神秘可言。我告诉患者，这不过是弗洛伊德的偶然发明，他让患者躺下，不要注视他，因为他不习惯目光对视。像许多有价值的偶然发明一样，精神分析师发现它有另一个更重要的妙处。它不仅让患者放松，而且使治疗师避免与患者目光接触。由于看不到治疗师的脸，患者也许会对治疗师的所思所感浮想联翩，反之，难以奏效。对此我解释为，人们经常时时无意识地担忧别人对自己有何反应，于是，他们学会察言观色，在意识到自己的担心之前，就已打消了担忧的念头。而当患者躺在躺椅上完全放松时，就会将这种忧虑带到意识层面。我之所以喜欢用躺椅，跟弗洛伊德一样，是因为被人盯着我感到很累，我喜欢背对着患者，不与患者对视，一边琢磨患者的话语是如何勾起了我的联想。

与患者交流这些话题，也许都可以看成是发展治疗联盟的一部分。格林森（Greenson，1967，第196页）曾举过一个关于这种宣教的例子，令人记忆犹新。有个患者过去曾经接受长期的精神分析，但从未被告知各种分析过程的基本原理。在询问个人史时，格林森问他的教名是什么。这位具有顺从性人格异常的患者，认为他应该自由联想，于是回答："Raskoniknov。"这个患者服从了他所理解的自由联想"原则"，但他并不完全清楚这种精神分析专业技能的目的是什么。格林森接着讨论，缺乏治疗联盟的治疗是多么苍白无力，而在治疗联盟中，双方都了解对彼此有什么要求，以及为什么这样要求。事实上，医患关系如果缺乏这种基础，那是对治疗极大的讽刺。

结 束 语

关于英国客体关系理论家温尼科特（D. W. Winnicott），有一则轶闻，非常适用于访谈与治疗的普遍原则。我已记不起是谁告诉我的，但我记得这个故事梗概：有一次，温尼科特被问起，他如何把握案例释义的尺度。他回答："我对案例进行释义有两个前提，其一，让患者知道我不是在梦呓；其二，让患者知道我可能犯错。"这妙趣横生的回答除了幽默外，还蕴涵着很大的智慧。如果治疗师恰如其分地工作，患者将不断纠正并修改治疗师所作出的分析。意识到治疗师常常犯错对患者是极大的治疗启迪。患者几乎可以原谅一切，只有傲慢是不可宽恕的；他们还会很欢迎治疗师的无防御态度。最近，我问过一个朋友，他的精神分析进行得怎么样。"好极了！"他回答，"他勇于承认错误。"

关于治疗师不可避免的局限与错误，我希望读者一定要了解，在以下章节中所谈论的关于每一个问题的想法，并不是我在实际临床访谈时心理状态的真实反映。得到足够信息后，我很擅长对相关信息进行组织分析，但与患者访谈，尤其是初始访谈，则需要治疗师摈弃所有的专业术语和专业理论框架。正如前面的例证，治疗师向患者渗透的分析，既不必文辞优雅也不应深奥复杂，无须具备渊博的精神分析知识就能理解。即使我在初次访谈时就能对患者作出鞭辟入里的分析，对于患者来说也犹如空中楼阁，因为患者前来，不是为治疗师的博学所倾倒，而是想看看是否有人能了解他，这人所受的专业训练是否足以帮助他。

最近，我为一个心理学家做了初次访谈，那是一位资深的女性心理学家。我问她，为什么选择我作她的治疗师。她的回答是："因为我恨你。"我问到底怎么回事。"当我读你的书时，"她说，"我很生气，你对你的专业知识了如指掌，而我做了那么多年，可是却仍然对此知之甚少。因此，我恨你，我希望自己能得到你所拥有的一切。"我所拥有的不过是能从冗长、晦涩的材料中，根据我的理解，萃取出符合精神分析理论的要素。我感激上苍赐予我这种能力，多年的工作经验，使我意识到这种非凡的个人综合能力是多么难能可贵。但是，也只有在回顾案例时，这种能力才能凸显出来，而在与患者接触的那一霎，我可能完全不明就里，毫无头绪。那个憎恨我的患者不久就会发现，过几个月，她对自己的了解将远远超过我对她的了解，因为无论是什么使她一叶障目，毕竟她花了几年时间反思自己及自己的心理。同样，我希望读者也能理解，不管他们能否对理论概念倒背如流，都不能决定他们在临床治疗的那一瞬间是否是个优秀的治疗师。

小　结

本章的目的是使患者对临床评估过程有一个粗浅的印象。因为我所具备的治疗条件与许多治疗师不同，为避免误导读者，我详细介绍了自己在初始访谈中的具体细节及理论基础，包括我努力建立一个安全的联系、降低焦虑、推敲患者对我的反应、表达理解、评估患者对我的临床假设的反应、表达希望并交代治疗契约的实用性。治疗契约包括访谈时间、费用、取消访谈的规定、诊断的记录、提问、采史准备。我还进一步讨论了与患者商讨初步动力学分析的重要性及直截了当地向患者解释有关治疗问题的必要性。为能较好地引导治疗，精神分析师总是试图在某些关键问题上找到答案。尽管如此，我在最后还是强调，治疗师不能理所当然地期望通过初始访谈就能对假设有一梗概，也不可能指望对患者有全面的了解。

第 三 章
不可改变因素的评估

关于人类个体心理的不可改变方面,治疗师所著不多。当给某个人做心理治疗时,我们通常关注那些能够被改变的东西,因为我们本来就是为之效力的。尽管如此,出于种种原因,我们必须承认并理解有些个人因素是治疗无法改变的。一个人的基本气质就是治疗不能改变的一个方面,还有许多其他个体的稳定素质也无法改变,从另一角度讲,这倒也为我们理解患者问题的来龙去脉提供了便利。这些因素包括——当然并不仅限于——一些与遗传有关的因素,如运动性失语或双向情感障碍易感性,物理性损伤、中毒或感染所导致的大脑不可逆后果,任何类型的慢性躯体疾病或身体损伤等。在对一个人的心理状况所做的整体分析中,以下事实尽管具有不同的次序,然而对于理解其动力学特征来说,都同等重要:(1)独独对此人来说不可改变的生活事实;(2)在俗语所称的"残酷的现实"下挣扎的事实,诸如遭到监禁、属于明显的少数群体中的一员或拖着一个患自闭症的孩子。

大部分关于心理治疗的著作都强调以变化为目标:行为的变化、情绪的变化、防御习惯的变化、心理发育优先的变化,如此等等。心理治疗较少关注的是对那些不可改变的生活特征的适应,包括对不可改变现实的补偿。这种适应过程包括克服否认,将不切实际的异想天开转变为哀伤及应对，以现实认识替代病态信念。治疗师接受患者的不可改变，实际上打开了一扇通向建立更良好、更真实关系的大门。当然，这个过程本身就是一种意义深远的改变。

作为治疗目标，尽管接受患者的不可改变也许不如对患者的手到病除那么令人激动，然而，适应过程对人类来说却是至关重要的，任何过来人都不会对此掉以轻心。一个深受遗传因素影响而对抑郁具有易感性的人，不可能期望生活中永远没有抑郁插曲，然而，他可以学会对此作出理性反应，例如，接受事实而非自怨自艾，选用适宜的药物而非物质滥用或自我否定式的惊弓之鸟，向关爱自己的人倾诉自己的痛苦而不是陷入讳疾忌医或动辄暴怒的退缩深渊。任何有过抑郁症病史的人都可以证实，能这样做并不是微不足道的成就。

对于任何治疗来说，若要取得成功，制定合理的目标是非常关键的。通过动力学分析，哪些可以改变，哪些不能，治疗师应该做到心中有数。治疗师应与患者交流实现目标的初步假设，这为双方能以现实态度来衡量治疗进展打下了良好的基础。对于患者来说，这种交流开始会经历一个哀伤过程，因为他来求治时不可避免地怀着某些婴儿期样的希望，希望出现奇迹般的变化。然而，这种交流也提供了一个自我力量的典范，因为患者看到治疗师能承认令人沮丧的现实，却并未陷入沮丧而颓废。这种交流还传递着治疗师的投情。同时，它也保护双方免于意志消沉及丧失自尊，因为好高骛远将不可避免地产生失败后的耻辱感。

在本章，我论述了几类不可改变现实的临床意义，包括：(1) 气质；(2) 对心理有直接影响的遗传性、先天性及医源性因素；(3) 由外伤、疾病或中毒引起的不可逆的大脑改变；(4) 身体的不可变特征，包括慢性躯体疾病；(5) 不可变的外部环境；(6) 个人经历。以上所列可能并不全面，因为生活就是这样，每个人的前进道路上都有各种各样不可回避的坎坷，然而，我希望那也能足以阐明我的观点，即：了解不可改变的因素具有重要的临床意义。

第三章 不可改变因素的评估

气　质

从激进的行为主义和天真的实用主义时代开始，学院派心理学家正经历着时代的变迁，在那个时代，约翰·华生（John Watson）可以吹嘘"给我一打健康的婴儿……我担保，随便拿一个出来，就可以将他训练成为任何一个领域的专家——医生、律师、艺术家、商界首领，甚至是乞丐和小偷，而无论他们的天赋、爱好、倾向、能力、先辈的职业及种族如何"（1925，p.82）。大约从20世纪中期如塞比尔·艾斯卡罗纳（Sybille Escalona，1968）、托马斯、切斯和伯治（Thomas，Chess&Birch，1968）等研究人员的细致研究开始，直到最近凯甘（Kagan，1994）的综合分析，研究者们已经正视并描述了基本气质对任何特定个体产生影响的范围。发展心理学的研究也已经令人信服地证明了，人在出生时并非一张白纸。我们知道，无论是害羞还是寻求刺激，人的特性总是受到遗传的影响，而不能被视为纯粹是后天抚养的结果。目前治疗师将许多注意力放在后天抚养而非先天因素这一事实反映出，可能正是遗传的差异才导致许多如今我们可以观察并追踪的不同结果。治疗中对后天环境的关注，不应被误解为轻视遗传天资的重要性。

临床上经常遇到患者是位被收养者，此时，理解气质的重要性具有特殊的意义。一个人可能从婴儿早期即由一个和睦的家庭抚养，但婴儿却仍然感到明显的疏远与误解，因为在收养的家庭系统中，没有人能发自内心地理解他的基本气质。养父母很自然地会忽视这个被当作亲生孩子抚养的孩子身上所具有的"差异"，并希望他们所给予的爱能代替孩子亲生父母的爱。正因为有这样的希望，在一个收养家庭里，常常会有一块情感禁地，阻止这个孩子表达痛苦和孤独感，或表露出自己似乎天生就与其他家庭成员格格不入的地方。

对于临床实践而言，其意义在于，通过关注先天气质及其深刻内涵，临床医生能够帮助被收养的患者去正视、检验和抛弃那些他/她从童年期讳避的情感疏远体验中得出的痛苦结论。特别地，气质倾向与他/她的父母不同并有麻烦的年轻人，会确信自己有什么地方"不对劲"。被收养者的这种推论通常与"正是因为我有问题，我的亲生父母才会遗弃我"这样的猜想有关。心理治疗可以将患者的病态信念转换成对既往史事实的客观认识。收养本来就是个单方面的过程，不存在与孩子商量的公平性。"收养者可能把我卖给任何人"，我的一个患者心里就这样想。对这一残酷生活现实的理解有助于他对自己被收养的事实表示哀伤，与由亲生父母养育的孩子相比，他确实被剥夺了节律及强度均更和谐的亲生抚育者。通过哀伤，他会改变内心的羞耻及不良感觉而转为对自己不幸的遗憾。

被收养者并非家庭中惟一感到天生疏远的人。基因遗传多少具有偶然性，亲生父母抚养的家庭中，个体也可能继承父母均认为不熟悉的气质，或者（也许更为不幸）也可能继承令父亲或母亲讨厌的某个亲属的气质。父母均安详而孩子特别敏感，这样的孩子常常因为对任何事情均"过度反应"，而认为也许自己有什么问题。父母善于交际而孩子特别害羞，这样的孩子在父母的催促下会对自己不愿意接近的人表现出冲动的敌对行为。父母懒动而孩子多动，这样的孩子惹是生非以致不断给自己招来呵斥或体罚。谈到这，我不由得想起，一个被腹泻婴儿的哭闹折磨得精疲力竭的父（母），可能不会注意到自己会对一个毫无还手之力的婴儿下手。如果患者了解到婴儿腹痛时会令人烦躁，就不至于认为其哭闹只是"使坏"。理解了一种处境通常导致的结果，可能会消除对此产生的耻辱感。

尽管气质无法改变，然而它的行为表现却可望纠正。例如，对生来害羞和社交恐惧的儿童所进行的研究，已经发展出特异性的、循序渐进的干预措施，通过干预渐渐使他们在与人交往时更加放松（Rapee, 1998）。也有一种关于害羞的通俗易懂的、学术性的文献（Zimbardo, 1990）能给害羞者及其家人带来极大的启示及安慰。格林斯潘关于"大有希望的儿童"（The challenging child, Greenspan, 1996）的著作，对于那些家有令人烦忧的孩子的父母来说，真是一个福音。许多其他具有遗传成分的情况，也有类似的好书。例如，许多注意缺陷障碍的成年人，发现从那本取题恰当的《你的意思是，我真的不懒、不疯也不傻？》(*You Mean I'm Not Lazy, Crazy, or Stupid?* Kelly & Ramundo，1995)的书中，既能得到安慰，又能得到实际帮助！

对心理有直接影响的遗传性、先天性及医源性条件

当对其他治疗师的工作进行督导或会诊时，我经常为生理因素被忽略或轻视而感到震惊——甚至被具有医学背景的治疗师所忽视，而他们在器质性疾病的诊断评估方面有更多的培训经历。例如，我有一名还算不错的学生，对一名"强迫症"印第安男孩的疗效为什么不好感到大惑不解。结果显示，她忽视了表明这名患儿主要问题的、与胎儿酒精综合征的远期效应有关的醒目证据。治疗师希望孩子更能接受治疗及具有更好的预后，这是可以理解的。然而，否认实际存在的诊断事态，将使治疗师的良好愿望化为惨痛的失败，而且还剥夺了该患者接受确实可行的帮助的机会，尽管这种帮助对于具有他这种疾患的人来说，更多地标以"管理"而非"治疗"。

在初始访谈中经常被忽视的一个相关问题是，患者的心理问题是否来源于躯体疾病？抑郁不仅可能降低免疫系统的功能，从而使抑郁患者比正常人更易生病，而且，反之亦然：生病会使人情绪抑郁。除了这个普通常识外，还有许多疾病也被证实与心理问题息息相关。这包括：莱姆关节炎、糖尿病、甲状腺机能亢进、肌无力、多发性硬化、恶性贫血、风湿性关节炎及许多其他疾病。在此，我极力建议，医学及非医学背景的治疗师都应该备有詹姆斯·莫瑞森所写的那本非常有用的指南：《心理问题何时掩盖了生理问题》(*When Psychological Problems Mask Medical Disorders*，James Morrison，1997)，以助于分辨生理和心理问题。

关于心理健康服务的当前风气，我所关注的一点是，第三方要求简短治

疗的压力使临床医生不想"浪费"时间去作详细的案例分析，如果诊断过程涉及某种额外的措施，如神经科会诊，则尤甚。然而，如果患者得到的"治疗"并不对症下药，那才是严重浪费时间呢！尤其在某些案例中，患者呈现出奇怪的症状群，不能轻易地划归为任何一种较常见的病症分类，此时，详细询问患者的发育史是非常关键的。这种询问有时能揭示以往被忽略的某些事实，如出生时的缺氧、母亲怀孕期间药物的应用或物质滥用。例如，对一位报告早年男性化行为的妇女，想当然地断定她与父亲产生认同，就可能是一个严重的错误。一种可能性——还有许多——是她受到胎儿期雄性激素的影响(Money, 1988)。如果导致她童年行为的原因主要是激素而非经历，那么治疗师对她男性化倾向就应该采取显著不同的措施。

  类似地，我们已开始拥有大量关于精神分裂症、情感障碍之类情况的对照研究资料，这也会从根本上影响治疗。精神药理学的进展意味着，某些以前不可能得到帮助的人，现在他们的情绪可以有很大的改变。尽管关于精神药物治疗和心理治疗的争论依然激烈（医药公司和保险公司明显出于经济利益考虑推荐药物治疗而非心理治疗，使这一问题变得相当复杂），然而研究结果表明：两者都很重要，尤其对于严重心理障碍患者。尽管事实上，我们经常为当前对药物的过度依赖及心理治疗的不足而痛惜不已，然而，诸如情绪稳定剂、抗抑郁药、抗精神病药之类药物的存在已使许多以往只能忍受疾病折磨及死亡的患者过上了体面的生活，这的确是事实。因此，如果访谈者忽视了患者的性欲过度源于躁狂状态，而药物治疗可望纠正此种躁狂状态，那么就会给患者带来许多不必要的危害。

脑外伤、疾病和中毒的不可逆后果

我在从业早期所处理过的一个案例，至今想起来还历历在目，那是一个吓人的暴怒发作的17岁年轻人。因为他试图用自己的汽车撞高中校长，所以被介绍到我所工作的心理健康中心。当向治疗小组介绍此案例时，我提到该患者与我相处时似乎很坦诚，并且真诚地为自己的暴脾气感到难过，所以我认为该患者不仅仅是普通的反社会倾向。主持讨论的精神科医生立刻作了一个轻蔑的姿势，并且把我看做一个幼稚的年轻治疗师，对青少年犯罪老手一无所知。幸运的是，我将我对该患者的印象告诉一位值得尊敬的权威人士后，他同意让这个男孩去看神经科医生。结果表明他的颞叶有一处损伤，抗癫痫药物可以大大减少其暴怒发作。如果当时没人愿意听取我的意见，正如初为治疗师者经常面临的命运那样，那么，这个诚挚的、困惑的、危险的年轻人很可能会成为青少年司法部门的牺牲品。

医学及非医学背景的治疗师经常都会忽视询问那些大脑可能异常的相关病史。《唤醒》这本书（*Awakenings*, Sacks, 1990）和同名电影生动地刻画了一群精神病患者的经历，当一名特别负责的工作人员坚持调查他们的历史，从中了解到他们全都在1917年的"昏睡病"流行期患过脑炎昏睡症时，他们的常见特征才得以认识，并才得到针对性、特异性治疗。（这个故事的悲剧在于，在用 L- 多巴胺成功治疗昏睡病的昏迷后遗作用的同时，迅速导致做噩梦的副作用，最终将患者折磨得难以忍受。）

我认识一位男士，他在1917年的流行期感染了脑炎，尽管在11岁时昏迷了几周，但似乎已经完全康复了。可能残留大脑损伤的惟一证据就是其步态的轻微异常。另外，在一次入伍体检中，一位注意到其双侧瞳孔不等大的医生，立即问他是否感染过梅毒，令他大为恼火。从所有的外部表现来看，这个人相当正常。他有美满的婚姻、健康而快乐的孩子、一份非常重要的工作。然而，如果某种基本常规被打破，他就会变得神不守舍，容易勃然大怒。而且他很难处理矛盾处境，他对人要么爱恋有加，要么完全拒绝。他不能容忍人际关系中的灰色区域，这一点也许暗示其具有以分裂防御机制为特征的边缘型人格障碍，除此之外，再没有什么使他看上去符合边缘型人格障碍。

在妻子死于癌症时，这位男士的器质性易感才暴露无遗。他变得心烦意乱、暴躁易怒，犹如大祸临头。对待这位因丧妻而痛不欲生的男子，任何人都可能轻易地忽视其大脑损伤的证据，只是鼓励他情绪疏泄，而这只会使病情变本加厉。长期以来，我们已经知道，刻板与常规在大脑损伤者的生活中具有关键的作用（Goldstein，1942），与此类文献的意思一致，治疗应该是对此人及其家庭进行帮助，治疗师既帮助他重建常规，同时又教育其子女如何应对他的暴怒。当然，治疗师之所以能这样做，关键在于她对案例的分析：即使对于表面上似乎正常的个体，也不要忽视大脑功能异常的可能性。

20世纪80年代对罪犯的研究（Lewis，Pincus，Feldman，Jackson，& Bard，1986；Lewis et al.，1988）发现，他们中具有大脑不可逆损伤的比例令人吃惊。尽管这种损伤的后果并不总是可以治疗的，可是，如果将大脑异常的犯人与特征性心理异常而没有明显躯体损伤的犯人混为一谈，那么，无论是对研究项目还是对治疗计划，都只能导致失实的研究和糟糕的干预。而且，正如那位颞叶受损而暴怒发作的年轻人一样，一旦病因清楚了，常常就能采取有效的治疗。

在访谈中，治疗师还应该注意患者是否具有明显的物质滥用史。我的一位女患者在二十多岁时，在长期使用常规剂量的可卡因后，有一次竟过量吸食而几乎致命。她确信此次经历对她的灵活性造成了不可逆的损伤，尽管事实上她目前所测的智商大大超过了100，然而与过量吸毒前所测的智商相比，却降了一个标准差还多。也就是说，她相信，吸毒给自己造成了不可弥补的伤害。我认真对待她这一想法，这对于她与我建立良好的治疗关系极为关键。大量文献显示可卡因成瘾者具有长期的认知损伤（Huang & Nunes

所写的综述，1995），所以，我也倾向于相信她的智力受到了损害。

物质滥用的其他可能后果包括：Marchiafava-Bignami 病，这种病在长期酗酒者身上还可能表现为人格改变；营养不良性疾病，如酗酒者的柯萨可夫综合症（Korsakoff's syndrome）（Huang & Nunes, 1995）；记忆力下降和注意力不能集中，如多年、常规吸食大麻者（Schwartz, 1991）。还有许多其他我们尚需进一步了解并证明的、化学物质对大脑造成的更微妙、更特异的后果。我的观点是，患者的躯体因素可能影响其精神活动，这是每一位治疗师在治疗过程中都可能面对的现实情况。

不可改变的身体条件

一个人对身体的完整感，是自尊和情绪健康的自然基础。在《自我与本我》（The Ego and the Id）一书中，弗洛伊德（1923）解释道：最早的自我感应该是"身体自我"，即个体躯体感受自己的存在并理解其可能性和局限性。尽管弗洛伊德只用过一次，但精神分析师却普遍接受了这个词，这暗示该概念具有广泛的直观吸引力。当某人的身体完整性因意外、残害或者疾病而受损时，如果要避免抑郁，则必须经过哀伤过程。当治疗师面对某个具有躯体残疾或慢性疾病的患者时，认识到这一点的重要性，对于治疗关系的发展是至关重要的。我的意思并不是说，治疗师必须对患者表示同情，而是说，治疗师必须找到合适的途径，以表达自己理解这种处境给患者造成了影响深远的后果；仅仅对处于悲惨境地的患者表示同情，常常会理解为对其遭遇的怜悯，从而令患者产生抵触情绪。

有时，治疗师面对的挑战是，如何解除患者的否认防御机制，而许多人正是通过否认来对待自己的身体缺陷。有一次，我向一名男子、一位事业有成的内科医生，询问详细个人史，其中几乎涉及了他的全部背景、目前状况及兴趣爱好的各个方面。在访谈快结束时，我问他："还有什么可能重要的情况我没问到，或者你没告诉我吗？""对了，我患有多发性硬化症，"他轻描淡写地回答，"不过，这不是什么大事。"尽管对体质持乐观态度也许确实对身体健康有益，然而，抹煞现实而盲目乐观，无疑是健康的大敌。显然，对于这个患者，我应该首先弄清，为什么他要对自己的严重慢性疾病欲盖弥彰。否认不利于他作出正确的医疗决定。

对于一个乳腺癌患者来说，积极的问题解决倾向会促使她参加某种支持团体，在此她可学习如何与疾病作斗争，比起她否认癌症可能复发并为了保住这种否认而逃避每月的乳房自我检查来说，结果会好得多。对乳腺癌患者所做的一项著名研究（Spiegel, Bloom, Kraemer, &Gottheil, 1989）发现，在患有进行性恶性肿瘤及预后严重不良的乳腺癌妇女中，参加支持团体的成员，比未参加这种团体的对照组平均多存活18个月。这是一个令人十分吃惊的结果，因为晚期癌症患者的期望寿命本来就低，而这些患者还要经常面对团体中姐妹们的死亡，后者常常被我们许多人想当然地认为极具应激性而对健康不利。从这些数据中，我得出一个结论：即使最痛苦的事实，也可能可以适应。

现代生活的一个特有现象是，许多治疗师都遇见过艾滋病病毒感染者及艾滋病患者，这是另一种揪心的处境，在此，不可变更的生活事实残酷得使个体心理的其他方面都黯然失色。面对患有慢性或晚期疾病的患者时，治疗师首先要做的就是，查阅一些优秀的相关文献（Goodheart & Lansing, 1997, 关于对患有慢性疾病的患者进行心理治疗干预；以及Blechner [1997] 编纂的关于对艾滋病患者及艾滋病病毒感染者进行治疗的论文集）。当患者因疾病而濒临崩溃时，治疗师向其询问完整的个人史仍然是相当重要的，因为这有助于治疗师理解患者的痛苦所蕴含的某些更深层次的意义。当然，治疗师还应谨慎地向患者转达：无论千头万绪，治病才是当务之急。

身体上不可改变的事实还包括明显的毁损和畸形。我治疗过的一位面部先天畸形的女患者，花了大部分的访谈时间向我谈论她的愤怒，她恨人们总是将视线从她身上移开，而当他们以为她没在意时，又试图探究她的相貌。她认为我也有同样的举动,并最后直接向别人告了我的状。正如其他患者认为我以他人惯有的方式在伤害他们时那样,对于我来说,这确实让我有点难以忍受,然而,结果却表明这对她具有高度的治疗性。在有机会正视自己的愤怒及不幸后,她的问题得到了明显缓解。她的父母,花了大量的钱为她做整形手术以减少其外貌中最难看的部分,希望她能为整形结果感到高兴。她的伴侣,一个与之生活了多年的女人,也费尽了口舌,试图让她相信,她的缺陷几乎不能引起别人的注意。

尽管来求治时,这位妇女表面上是要解决与伴侣的关系问题,然而,很快就清晰地显示出,她实际的需要是找一个地方,使她能吐露畸形的痛苦及与之而来的深远影响。这一问题也正是她人际问题的始作俑者,因为她在某种程度上相信,她如此难看以至于不可能有人会爱她。很久以前,她就断定,任何对像她这样畸形的人感兴趣的人,肯定不是傻了、疯了,就是别有意图,因此她必须查个水落石出。因为她无法不满腹狐疑地对待伴侣的真诚照顾,所以她无法不以拒绝或鄙视来对待她的大度与关心。一旦关于她外貌的无意识内容和意义在对我的移情中得到了解决,她与伴侣的关系就迎刃而解了。

不可改变的生活处境

与不可变因素相关的主题是精神分析著作中的一个老话题。即使是相当"正常"的人,也必定为那些不可能实现的目标而哀伤,并最终将它放弃,而在正常的心理发育过程中,我们大多数人多少都这么做过。精神分析经验表明,我们都怀有非理性欲望,希望自己同时既是孩子又是成人、既是男性又是女性、既是同性恋又是异性恋、既老成又年轻、既独立又依赖;我们还都希望长生不老。弗洛伊德(1940)强调两种普遍的、无意识的婴儿向往是很棘手的问题:女人希望既是女性又是男性的愿望(阴茎嫉妒)以及异性恋男人寻求某种同性依恋的愿望。因此，在19世纪像维也纳那样崇尚家长制的社会里，尽管人们否认自己有成为男性或与男性发生性关系的愿望，但在对他们进行分析时，却可能会将之披露出来，这也不足为奇了。而后精神分析作者（Bettelheim，1954）感到，弗洛伊德作为男人，他自己的心理盲点使他低估了男人具有更深层次、更矢口否认的愿望，这是一种超越了任何特定文化背景的愿望，即希望成为女性并能生儿育女（生育嫉妒）。

20世纪早期，关于心理治疗的一个核心观点就是，应该帮助患者意识到自己所持有的非理性但极其强烈的愿望，而不应该去满足这种愿望。应该使患者逐渐认识并放弃这种愿望——换句话说，一个非创伤性的哀伤过程——就能从观念上取代以往处理无意识愿望的方式（如无意识中希望成为另一性别，处理此无意识愿望的方式有：对异性表示敌意、禁止性欲、表现症状从而将痛苦的渴望压抑在意识之外，或出现乱伦——其潜在的驱力就是希望"拥有"另一性）。有意识地放弃徒劳的挣扎，将使人们得到解脱，从而腾出更多的心理能量去实践现实满意的目标。

至少分析师应该了解自己最深层的、最幼稚的、非逻辑的欲望，并能平静地对待这些欲望，这一点仍是精神分析培训的理想境界。在精神分析培训中总是假设，如果分析师不正视和哀伤自己所有的无意识愿望，而且还运用防御以回避无意识愿望，那么，分析师就不能非防御性地倾听患者的诉说。尽管现代分析师倾向于更加重视治疗过程的其他方面，然而，治疗应该将非理性的愿望和信念引入意识层面，以便能审视它们、放弃它们，并最终以更现实、更可能实现的目标来取代它们，这一理念——使潜意识成为意识，以自我取代本我——从未从心理动力学治疗的传统中消失。（好的理念很少消失；它们只是以其他的语言重新浮现而已。某些现代的认知行为治疗师与早期的精神分析师惊人地相似，他们也格外强调，要指出患者的非理性信念，并教他们换一种角度考虑问题。）

在现代的心理治疗实践中，如果遇上一位有足够强烈的动机——而且经济上也足以承担——追求深入分析以解决原始渴望的患者，那是治疗师的幸运。然而，我们见到更多的是这样的人：他们更平常、较少非理性，而他们要哀伤的问题也处于较浅的无意识层面；他们只是需要与愿意倾听的人聊聊，而这个人并不竭力使他们高兴或拿他们消遣，与他们一起压抑或减轻他们的痛苦。需要治疗师毫无防御地理解他们不可改变的处境的患者有很多，例如：受歧视的少数群体中的人，受监禁的人，失去孩子、父母或其他成员的人，失业且经济拮据的人，以及因经济原因而得不到及时治疗的人。正如弗洛伊德的女患者不能通过潜意识男性化以解决问题一样，现实处境糟糕的现代患者，也不可能通过否认及不切实际的想法来有效地处理自己面临的实际问题。

虽然有人也许认为治疗师理所当然应该为患者提供一个机会，让其发泄对残酷现实所产生的负性情绪，然而，我却经常看到治疗师恰恰回避这类问题，正因如此，我才会在一本关于案例分析的书里强调这些问题。患者感到治疗师并不畏惧谈论他／她所面对的无情现实，这一点对于患者最初选择接受某个特定治疗师的治疗十分关键。也许回避型治疗师觉得，除非这个问题是他们能积极缓解的，否则他们最好躲得远远的。或者，也许他们认识到由于患者存在的问题与自己的生活没有任何可比之处，因此无法对这些领域真正地投情，而接诊这类患者，对他们而言就是负担或无奈。我怀疑还有其他动机，例如，我们都害怕唤起对医患差异方面的注意，在这些方面，只要有机会，患者就会对治疗师相对的好运表示赤裸裸的嫉妒和憎恨，从而激起我们作为幸运者的内疚（Lifton，1968），并暴露出我们对此种嫉恨亦无能为力。

关于治疗少数民族及种族患者的文献（Boyd-Franklin，1989；Sue&Sue，1990）都一致力促治疗师鼓励患者讨论他们对于民族及种族问题的感受，而且特别针对他们与治疗师的差异。这个观点需要一而再地被强调，表明在治疗师中对直面多元文化这一问题存在着强大的阻抗。我督导过一些也算不错的欧裔学生，他们常常"忘记"向美国非裔患者询问，对一个欧裔治疗师，他们作何感想。我过去常常对这些学生不耐烦，但是最近，在对一位不主动谈论种族差异问题的有色人种患者进行初始访谈时,我自己也遇到了同样的抑制。关于提什么是礼貌的或提什么是不礼貌的,有许多社会规范,而过分关注这些规范均不利于成功的临床实践;而且无疑还有许多潜意识的种族歧视和民族优越感也会妨碍心理治疗中必须表现出的坦率。("这是精神分析,不是茶话会。"当听说我不愿直接向一位亚裔患者询问面对一位与其背景截然不同的治疗师她有何感想时,我的一名督导这样说。)

异性恋治疗师面对男同性恋、女同性恋以及双性恋患者时,也会遇到类似的难题。最近,一些精神分析作者批评说,异性恋精神分析师在治疗年轻、隐秘的男同性恋患者时,轻易将这类患者理解为性混乱或性困惑,而对明显的同性恋征象视而不见(Frommer, 1995;Lesser, 1995)。换句话说,治疗师实际上纵容患者不承认现实,这样做的原因是,治疗师更愿意把患者看做具有与自己相似的性取向。又因为他们不想亲眼目睹患者的痛苦,而患者现在必须哀悼这样一个事实,即他/她的特殊心理使之不可能拥有一种主流的生活方式。而面对具有牢固的性别认同的男同性恋及女同性恋患者,尤其是那些"非主流"者时,异性恋治疗师又常犯相反的错误:急于表明自己并无反同性恋的偏见,极不明智地向具有不同性取向的患者表白,他们认为患者因同性恋这样的平凡之事而遭遇某种痛苦是不恰当的。这种防御性的"反同性恋恐惧"姿态(McWilliams, 1996),可能很容易阻碍患者表达与性取向有关的痛苦,或阻碍其讨论作为社会边缘群体的一员所承受的压力。而且,它还会助长患者否认他/她的同性恋性行为所蕴含的更麻烦、更堪忧的意义,诸如感染艾滋病的可能性、遭歧视的危险、伴随生儿育女的愿望而至的并发症。

患者常常幻想治疗师能力挽狂澜,在某种程度上,它代表对下列事实的现实评价:治疗师受雇于患者;治疗师通常是主流文化的一员;治疗师也许没有任何身体障碍;而且,对于他来说,大多数问题即使不能解决,至少也是可以解释的。还有一部分则是患者的愿望:人们都希望通过与某个据称"十全十美"的人产生认同来躲避现实的苦难。再说大多数治疗师都欢迎被理想化，然而，这种理想化总是和患者对治疗师的诋毁相辅相成的。因此，评估患者自我感觉哪方面次于或劣于治疗师，并剖析这种感觉对此人意味着什么，在临床上是可取之举。当然，这种评估必须讲究技巧，并且必须敏锐地体察患者是否感到失态及羞辱。在此过程中，重要的是，治疗师应开诚布公地承认自己生活的某些方面确实比患者优越，但也有某些方面患者更具优势。

个 人 经 历

在"不可改变"的因素类型中，另一个显而易见、但也许尚未得到充分阐释的区域就是个人史。也许因为这个因素实在是不言自明而无须赘言，然而，心理治疗中的许多问题恰恰源于患者不愿接受已经发生在他们身上的无法改变的事实，也不愿承认没有人能及时对他们以往不应有的痛苦给以补偿。而且，出于人类固有的同情心及宽释为怀，治疗师总是习惯性地暗示患者，他们能消除过去的伤害——而不是设法帮助患者接受过去并使生活继续。正如一个在童年时营养不良的妇女，并不能通过成人期适当的进食来抵消身体已经受到的损害一样，一个在童年时受到心理虐待的人，也不可能彻底消除情感上的伤疤。然而，他/她现在能做什么才是至关重要的。

人们常通过坚持不懈地运用防御来试图回避以往的伤痛，即他们觉得，鉴于以往他们所受到的不公正待遇，生活（包括治疗师）应该对他们做出补偿。有时，尤其对于有过特别可怕经历的患者，需要花费几个月甚至几年时间，他们才能接受这一事实，即心理治疗并非是为了消除以往悲伤和得到补偿，而是为了解决他们目前所面临的问题。如果治疗师与患者一样幻想，要让作恶者为历史的罪行作出补偿，这将咎由自取，使治疗招致灾难。事实上，与弗洛里（Frawley-O'Dea, 1996）一样，我也认为，如果不是某些治疗师与患者一起抗拒对不可改变事实的哀伤，并唆使患者控诉那些曾骚扰过他们的人，根本就不会发生什么"假性记忆综合征"（false memory syndrome）事件，后者对治疗创伤受害者的治疗师造成了极大的困扰。从法律意义上说，也许罪犯确实应该被绳之以法，但在心理治疗中，对患者来说，重要的是让他知道，改变生活的权利在自己手里，而与童年期的施虐者是否承认他们的罪行无关。当对某个成功地让童年期的施虐者承认罪行并试图补偿的患者进行治疗时，治疗师仍吃惊地发现，虽然再次证实了患者追忆受虐经历并不是"疯话"（这样做并非毫无意义，却也并非所有患者都需要这样做），然而，也并未使受虐经历所带来的痛苦得到立刻缓解。事实上，即使施虐者承认所有罪行，伤害也已经造成并无法挽回了，患者还是因此产生痛苦的抑郁反应。对于一个人事后承认有罪——例如，一个酒鬼父亲，为自己酗酒给孩子带来的伤害而向已成年的孩子道歉——我们大多数人最初的情绪反应通常只是怨恨：这种道歉永远太少，也太晚。

即使在最短的心理干预中，有一点也极为关键，即治疗师应该"了解"，患者力图回避面对个人发展过程，这意味着什么。随着治疗的深入，他/她或早或晚将从哀伤中获益。通常，尤其对于较年轻的患者，治疗师会意外发现，即使他们的父（母）已能有所改变，然而，父（母）亲在他们年少时的所作所为仍在他们心中留有深深的烙印。换句话说，他们面对的是更重要的、内化了的父（母）形象，而不是现实生活中的人物。

那些自认为具有有错或罪孽经历的人，对过去事实的印象也特别逼真。在我的临床经验中，表明以悲伤和遗憾替代改变过去及其后果的天真意愿具有重要性的、最令人难以忘怀的例子是接受治疗的孩子的父母。这些父母怀着最好的愿望抚养孩子，却因不了解孩子而没能更好地对待那个阶段的孩子，他们为此悔恨不已。目睹他们的苦恼也可能令人倍受煎熬。类似地，我遇到的患者中，有人因堕胎而受尽良心的谴责，认为那是一种无法容忍的残忍行为；或是一种疏忽罪过，就如同未留意某位亲人具有抑郁情绪，而导致了他/她最后自杀。这样的情况仅凭反复的劝慰很难奏效，然而，若有机会表达悲伤并得到理解，则能使他们获益匪浅。

小　结

在本章，我试图讨论治疗师在训练案例分析时常常忽视的人类个体心理特征，之所以会被忽视，是因为这部分没有太复杂的心理学原理。然而，患者的心理过程却恰恰根植其中。在个体心理成分中，治疗师必须尊为"固有因素"的个体心理成分有：气质，先天条件，物理创伤、疾病或成瘾所带来的不可逆后果，不可改变的身体条件，不可改变的生活环境及个人经历。尽管从定义上说，那些牢固而不可改变的个人状况特征并非"动力学的"，然而，他们对个体的心理动力学特征及他们对心理治疗的反应却有着重要的影响。

了解不可改变的因素所具有的主要治疗意义在于：以哀伤和适应替代自我憎恨和异想天开。在本章，我通篇都强调了，在处理患者感到羞耻、消沉及绝望的问题时，治疗师直截了当的方式及实事求是的态度具有重要意义。在许多地方，我还解释了，在帮助患者面对不可变因素时，治疗师为什么会不可避免地产生阻抗。我希望，对这种自然阻抗的讨论，将给治疗师注入勇气，鼓励他们去理解并与患者讨论那些不堪重负、不可名状的悲伤。

第 四 章
心理发育的评估

为了取得对患者的初步了解以便进行动力学分析，大多数治疗师特别重视对临床访谈中获得的心理发育信息进行评估。通常，在患者个人史中，诊断的核心问题即"此人为何现在前来求助？"就已昭然若揭。如果你能清楚某人的特征（气质和其他相对稳定的特征）、目前应激的性质以及与应激源有关的心理发育问题的性质，那么你对动力学分析就基本胸有成竹了。

治疗师发现：与患者有关的关键问题都与心理成熟过程有关。事实上，采集个人史的整个过程都是以病理心理发育的假设为基础的。例如，我们通常会在初次访谈中问患者，为什么在这个特定的时刻来寻求心理治疗，以前是否出现过同样的问题。我们询问患者对自己婴儿期及儿童早期的情况了解多少，我们可能还会询问患者最早的记忆以及家人关于他/她的童年故事。[阿尔弗雷德·阿德勒（Alfred Adler, 1931）发现，最早年的记忆中包含着人格的一些重要成分。虽然我不了解这一领域的研究，但我知道许多最早年的记忆似乎能证明这一观点。许多治疗师都赞成阿德勒的这一观点，因为他们的经验也证明了询问早期记忆的积极意义。] 我们还想了解患者对儿童期分离的反应，如日间看护、上托儿所、上小学。我们还想了解患者早年是否遇到重大的迁移和家庭破裂以及他对此有何反应。我们询问患者的儿童期病史、意外事件、学习和工作经历、第一次性体验、性生活史和目前的性生活状况。当这些问题有了答案时，进一步分析的基础就已奠定。

因为大多数心理分析师认为，心理治疗从本质上说，就是努力修通早年心理发育受挫的过程，所以我们有必要先了解正常的心理发育过程是怎样的（Emde, 1990）。几年前，哥特鲁德（Gertrude）和鲁宾·布兰克（Rubin Blanck）（Blanck&Blanck, 1974, 1979, 1986）全面回顾了精神分析发展心理学理论的演变，其目的是为了帮助治疗师们识别在心理发育成熟过程中，某些任务没有完成或完成不好所可能出现的结果。如果治疗师了解患者的发育轨迹，他就能使其"重回正轨"。最近，格林斯潘（1997）将发展心理学的新发现与心理治疗理论系统地整合在一起。在目前关于婴儿的研究中，让分析治疗师们感到兴奋的是，他们发现，早年发育过程中的亲附关系与临床现象之间有着密切联系（Sander, 1980；Lichtenberg, 1983, 1989；Stern, 1985；Dowling & Rothstein, 1989；Zeanah, Anders, Seifer, & Stern, 1989；Pine, 1990；Slade, 1996；Moskowitz, Monk, Kaye, & Ellman, 1997；Morgan, 1997；Silverman, 1998）。

对精神分析发展理论的一些警告和针对性评论

最初，弗洛伊德可能因为深受达尔文思想的影响，精神分析理论属于"渐成说"。换句话说，精神分析理论假设任何生物体的成熟变化都是一个自然演变的过程，它决定生物体如何接受、理解外部影响，以及随后如何看待外部影响。达尔文认为，自然灾害，如洪水，对不同的物种会产生不同的影响，这完全取决于物种各自先前的进化史和独特的适应能力。相应地，在个体生活中发生的"客观"事件，根据其发生时个体的心理发育阶段不同，应对能力不同，将对个体心理产生截然不同的影响。同样是母亲的死亡，对于两岁的孩子，其蕴涵的意义及产生的影响绝不可与四岁、九岁或十五岁的孩子相提并论。

与皮亚杰（Piaget）的同化和顺应概念一致（Piaget，1937；Wolff，1970），精神分析发展理论假设个体的成熟阶段不仅决定个体对特定应激的体验，而且还决定他/她建构理解未来应激的模板。成年期，根据相应的成熟问题解决得好坏，面对特定的刺激时，不同的个体潜意识里对其意义的理解不同，因此会产生完全不同的反应。所以，一个特定应激不可能必然引起某种特定的"显著"效应，也不可能不考虑应激而把某种结果只归咎于生活的某一个发展阶段。外在影响和心理发育阶段必须结合起来理解，这样才能感知、确认个体的独特性。

面对应激时，若感到当前的挑战似曾相识，人们倾向于采取与类似阶段相同的应对方式：这种行为即"退行"到"固着"点。精神分析理论或多或少有一不成文的观点：个体面临负性刺激、虐待或创伤性体验的发育阶段越早，则他（她）的易感性越强，创伤性体验不但增加人的易感性，而且更具灾难性和蓄积性。对于成熟与刺激之间的相互作用，弗洛伊德喜欢将之形象地比喻（T. Peik, personal communication, January 29, 1969）为一支前进的部队：当部队向目标挺进时，因胜利而昂扬，因失败而气馁。越早失利，迎对未来挑战就越没斗志。早期失利不仅仅意味着初战告败，更为接踵而至的失败设下了埋伏。

由上述的思想得出推论：最具毁坏性的精神疾病，特别是双相性疾病和精神分裂症，可能反映出患者的异常心理固着于心理发育早期，如口欲期，起源于该阶段的冲突未能圆满解决；而那些相对轻症的精神异常，则可能来源于俄狄普斯期或更晚期的问题。虽然一些学者（Wilson，1995）对"越早越糟"这一浅易假说提出挑战，萨斯（Sass，1992，p.21）曾严厉批评该概念被滥用于精神分裂症的现象学解释，但多数分析师依然对此保持一致的看法。

有趣的是，尽管有形象的比喻和支持的观点，弗洛伊德并没有十分坚持"固着越早，导致问题越重"的观点：他反复解释俄狄普斯期的经历可能比俄狄浦斯前期的经历更具重要性。虽然，一些实验证明，较严重的精神疾病反映患者心理固着在较早期的发展阶段，但弗洛伊德的这一假设因为在时间上先于精神疾病的遗传学研究，所以至少造成两方面的误导：过低估计至少一部分婴儿的顺应能力，而过高估计较大儿童或成人的顺应能力。

婴儿研究已报道（Tronick, Als, & Brazelton, 1977；Trevarthan, 1980；Fraiberg, 1980；Lichtenberg, 1983；Stern, 1985；Greenspan, 1989；Tyson & Tyson, 1990；Emde, 1991），在生命的头几个月内，幼婴适当的问题解决方式远比我们以往所了解的发生得更早、更积极。一些具有遗传优势和得到看护者情感投注的儿童，能够非凡地弥合早年的剥夺和创伤。从弗莱伯格（Fraiberg, 1980）和他同事的开创性工作到目前为止，临床不断有报道对受损儿童，甚至严重受损的、不到一岁的婴儿进行早期干预的成功案例。

至于年龄较大的个体，如贝特海姆（Bettelheim, 1960）最早提出，那些从纳粹集中营较好幸存下来的人们，并非是精神分析师所认为的心理最健康的人。经历迫害使一些曾经看来已很好解决早年冲突的人们，遭受到持久而深刻的心理残害。创伤几乎可以摧毁任何已发育良好的心理成分。沃勒斯坦和布兰克斯（Wallerstein & Blakeslee, 1989）也发现，轻度创伤也具有同样的作用，早年生长良好的成年人，即使其情感十分坚韧，也会因离婚而被击垮。关系破裂所带来的苦楚能使具有良好能力、并曾毫无症状的成年人变得如此脆弱。分离是一种特别令人痛苦的刺激，公众对分离的态度和潜在的羞辱感几乎能对每一个人的心理健康造成损害。虽然这些研究设计存在一定的缺陷，并且对离婚的反应存在很大的个体差异，但许多治疗师已经从患者身上证实了这些作者的观点。

沃尔夫（Wolff, 1996）提出，精神分析发展心理学理论，是通过在治疗中对成人的构想来理解此人的婴幼儿心理发育状况，然后，反过来再根据这种婴幼儿期的心理发育状况来解释成人的问题。在临床实践中，有关儿童早年经历与临床症状的关系是目前分析师们的热门话题，这个话题当另辟章节详细讨论。然而，初期的挫折、混乱、被忽视和受虐经历，与后期发生的事故相比，最终产生的影响远为昭彰，这一共识，如能慎而用之，将有益于治疗中作出的假设。从已知的应激来推断将会发生的问题，比起发生问题后推断发生问题的原因显得更有意义。例如：一个男孩在一岁时其母亲患有严重的产后抑郁症，那么，在访谈时适当地询问与此年龄段相关的问题，如信任、安抚自己的方式、调节情绪的能力和与亲密者可能的冲突。但如果了解到这个男孩有信任、自我安抚、情绪调节和亲密关系方面的问题，并不能机械地得出结论，认为他早年养育不良。这样的跳跃式线性思维会阻碍对患者的真正理解，会阻碍获取得出临床假设的重要信息。

我的临床经验常常支持西尔万·汤姆金斯（Silvan Tomkins, 1991）的观察报告，他认为成年期的刺激能激活那些曾经在幼儿时已基本解决的问题。因此分析师不应该仅从得到的俄狄普斯前期资料就妄作结论，认为某人的情况与深层的、特征性的原初心理发育阶段有关。因为，即使你已完成了俄狄普斯期的所有重要使命，但你仍会有口欲期的典型问题。通过区分潜意识冲突与心理发育受挫两者之间的区别，发展心理学的观点就能较好地应用于心理病理方面的推论。

评估：某一问题体现的是冲突抑或是发展受挫

潜意识冲突在弗洛伊德关于神经症症状形成的模式中处于中心地位。让我们虚拟维多利亚时代妇女（艾米）来说明症状形成的过程。艾米从小就被灌输这样一个观念：好女孩是杜绝色欲的。当她进入青少年后期，性渴望得不到任何躯体满足时，她非常想自慰。但是自慰在其所处的家庭和文化中被视为堕落，所以她有意识地竭力抵制这一念头，而这种渴望和抵制都令她羞愧万分。代之而来的是，她出现右手癔症性手套式麻痹。这样，实施自慰的右手就完全丧失功能了。（"手套式麻痹"意指仅仅出现手的麻木和动弹不得，这是一种经典的转换性症状，现已少见，但在弗洛伊德时期却如现今的饮食障碍一样屡见不鲜。这一残障从病因上看就是癔症，关于这一点无可争议，因为从神经病学的角度来说，仅有手的麻痹而无相应的体征，那是不可能的。）

弗洛伊德可能会说，此症状的初级获益就是消除了自慰的可能，以此解决艾米的内心冲突。继发性获益是艾米也许得到某种程度的温柔的体贴（Tender Loving Care，TLC），而它部分地满足了性需求所表达的情感需要。治疗师应该让艾米领悟这种冲突的实质，以便使她能容忍自己享受性乐趣的愿望。她仍然可以决定是否手淫；但治疗的目的是扩展她的自主性，自主独立地选择那些以前想当然地、潜意识地认为羞耻和内疚的人与事。

我们再以强迫症为例。假设弗洛伊德时代的患者（赫尔曼），中年，会计，他如果不完成重复仔细的关炉和锁门的仪式动作，就惶惶不可终日。他整天疑虑不安：担心煤气泄漏会造成什么后果（房子会爆炸），如果有人闯入又会发生什么惨剧（房主可能被害）。自从他和妻子把生病的、脾气暴躁的父亲接来同住后，他就一直为强迫观念和强迫仪式动作所缠绕。他意识到应对老人尽孝尽责，他本着良心照顾父亲，然而不久他却陷于强迫症状中不可自拔，迫使他无暇更多地在父亲床边伺候或从事其他事情。弗洛伊德也许会说，赫尔曼症状的初级获益是，解决了他在意识层面对父亲的爱与潜意识层面对父亲的恨及巴不得他死去的愿望之间存在的冲突。弗洛伊德会把他担心父亲被炸或被杀理解为潜意识中对父亲的不接受和拒绝。继发性获益是，他可以因为症状而逃避应该承担的一些看护责任。治疗将涉及让赫尔曼意识到对父亲的消极思维和情感，以使他能在意识层面选择到底如何去照顾他的父亲。

上述只是浅显的解释，其实，即使最简单的案例也远非如此直截了当。我的扼要描述不过是想说明潜意识冲突与心理发展受挫之间的区别。赫尔曼和艾米的成长一直都没问题，直到某一特定刺激，致使其心理失衡。对于艾米，青春期的荷尔蒙作用搅乱了先前的心理平衡。而对于赫尔曼，与患病父亲的共处冲击了他舒适的日常生活。二人都无法了解和容忍自己的潜意识内容。因涉及与文化相悖的性冲动和攻击冲动，继而产生的羞耻与内疚使他们只能以症状的方式表现潜意识的冲突，他们各自的神经症症状有助于他们阻止因情景激发而生的欲望和憎恨进入自己的意识。

从发展受挫的角度，我们也可以设想，艾米的手套式麻痹仅是她一系列癔症性症状中的一环；随着青春期的到来，症状愈重。事实上，从很小的时候起，她就容易晕倒、体质虚弱、感知异常和生理学无法解释的麻木；通过初始访谈，治疗师已获知她和母亲的关系一直不好，她总是深怀恐惧，担心长大后会像母亲一样。按此设想，对她手套式麻痹的解释可以更为复杂，有理由认为，她目前的痛苦只是她心理发育过程中创伤后果的一部分，而在整个心理发育过程中，她从未真正"好"过。

同样，让我们假设赫尔曼一生都遭受强迫症状的蹂躏，促使他现在才来治疗，仅仅是由于他的妻子威胁要离开他，因为他的反复思考和仪式行为使她不得不同时肩负照顾丈夫和患病公公的重任。他最早的记忆即是他父亲的严厉批评，以及他为了赢得父亲的钟爱而不遗余力地表现良好。这样，他就养成了盥洗室仪式动作、反复洗手、刻板的性行为、拘谨的社会关系以及长期的迷信行为。同样，尽管事实上赫尔曼的整个人格都在一定程度上反映出心理的冲突，但他的临床症状反映的不仅仅是一种冲突。因此，治疗除了让潜意识愿望意识化，还应该包括把许多因素统一形成主线。有一点是肯定的，即必须通过一段时间，建立一种治疗关系，让赫尔曼能不受批评地对自身进行体验。

上述假设情况将激发访谈者做出推论，即每一案例都可能存在一些严重的心理发育问题。以艾米为例，心理发育的经历使艾米以母亲为辱，而担忧自己在各方面将变得像母亲一样。因此可推论，她不仅对性享乐有一种文化上的厌恶，更对成长有深深的恐惧。对赫尔曼而言，他从来都未能在心理上与他的父亲分离而自我独立，父亲仍然是赫尔曼必须取悦的对象。艾米和赫尔曼两人的成熟过程都陷入困境。因为他们一直在尝试解决早年的问题，所以反而导致一生都不能恰当地、适应地成长。总之，他们的症状使我们可以假设，他们有令人满意的早年心理发育，之后在刺激下出现退行。或者可以假设：他们的心理发育过程一直不很顺畅，在不同的阶段，他们有相同的症状,但是这些特定症状的含义却因时间的不同而尤为不同。

在20世纪下半叶,精神分析的文献越来越关注这两种假设之间的差异。例如,安娜·弗洛伊德(Anna Freud)在1970年写道:"在我们这个时代,分析师的治疗目的超越了冲突和改善不良的冲突解决方式。它还包括了诸如基本错误、失败、缺陷、剥夺等内部与外部因素的整个范围,治疗的目的在于修正它们所导致的不良后果。我个人认为,对上述二方面的治疗是截然不同的,每一种治疗技术的应用都应对此加以考虑。"(p.203)安娜·弗洛伊德提到的基本错误指的是米歇尔·巴林特(Michael Balint,1968)的观点,他是最早轻视驱力与压抑之间的冲突而重视核心自尊的分析师之一。史托罗楼和拉齐曼(Stolorow&Lachmanm,1980)的著作区分了防御和广义的心理成熟受挫的不同,是又一篇关于这方面差异的新著。传统自体心理学强调两条并存的发育路线,一条涉及驱力和客体,另一条涉及自我和自我完整感、美德、一致感——一种更模糊的发育观。科胡特(1971,1977)和他的同事一致认为分析师需要比弗洛伊德和他的早期继承者们更好地去理解后一条发育路线。

我之所以详细论述冲突与成熟受挫之间的区别,是因为它对于建立理想的案例分析非常关键。每一个访谈者都需要努力去理解:患者的痛苦多大程度上起源于潜意识冲突内容的被激发,多大程度上反映了心理发育受挫。我们同时还必须记住,成熟可能会很不均衡,一个发育良好、才能非凡的人仍然可能在诸如性、独处、承受悲痛以及乐于竞争等方面存在严重缺陷。心理发育过程中的"固着"并不是指单纯因素、时点对应的发育阶段与症状之间的联系。

第四章　心理发育的评估

经典弗洛伊德理论和后弗洛伊德理论的心理发育模式及其临床应用

我们首先来评价早年未处理妥的冲突（unfinished business）对成长的持久影响。然后，我们来理解，不管早年发展如何顺利，特定的刺激为何能激发出成熟过程中的弱点。上面两个部分，我会遵循精神分析的主流，强调弗洛伊德最初的三个心理发展阶段，而这三个阶段对于理解患者的个性化极其关键。最后，我想让读者了解依附类型及其临床应用。

首先，用几节来介绍精神分析的心理发育阶段理论。对这一领域已有所熟悉的读者可能想略过这一部分。因为教学的目的，我只对经典弗洛伊德理论和后弗洛伊德理论作一个概述，省略其中的一些有趣和复杂的问题。因为这种概述与之后的个体心理描述相关，我以假设弗洛伊德学说的观点有效为前提来进行描述，尽管有人不同意或发现弗洛伊德的一些假设站不住脚。我必须提醒大家，分析治疗师用弗洛伊德发展心理学理论的专业术语来表达，并不一定代表他们同意弗洛伊德在这一领域的观点，诸如考虑内驱力是动机的主要成分，或追求快乐是婴儿行为的主要目的等（Silverman，1998）。

弗洛伊德最初的发展理论强调三个"幼儿"（即学龄前）阶段：口欲期、肛欲期和俄狄普斯期，每一期都必然会出现预知的问题和冲突，它们能否得到解决取决于儿童的先天素质和照料者所给予的关怀。这些问题和冲突解决对心理的影响，主要表现在6岁之前，并对形成个体稳定人格的主要结构意义重大。（弗洛伊德也谈到幼儿期次要的过渡阶段，包括尿道期、生殖器期、正性和负性俄狄普斯期，这些发展阶段对男女的应用是有区别的。但是这些发展阶段在文献中却较少重视，因为其中有太多模棱两可的观点。）

根据弗洛伊德的观点，在口欲期，婴儿的知觉体验集中在口唇周围。嘴是表达、探索、享乐的重要器官，同时也是与哺乳的母亲保持联系的工具，此时婴儿心理上尚不能把自己与母亲区分开来。从1.5岁到3岁，幼儿的知觉体验转向肛门周围，部分是因为肛门括约肌的成熟，另一方面，则是因为如厕训练经常象征着幼儿自然天性与社会规范要求之间的第一个冲突。此期幼儿所面临的包括：遵从或违抗、整洁或肮脏、给予或保留、守时或拖沓、自在或羞涩、施虐或受虐之间的斗争——婴儿常常同时需要去适应矛盾的两个方面，这种既需对立又需统一的处理与一岁半前单一处境的状况反差很大。这个阶段的一系列事件都似乎牵涉到自主性问题。通俗地讲，弗洛伊德的肛欲期，因幼儿与父母间意愿的强烈对抗而被称之为两难期。

俄狄浦斯期大概开始于3岁，此期儿童渐渐能理解，其余两人间存在一种自己无法涉入的关系。儿童的注意力转向对权利、关系、认同问题的迷恋。对性别差异非常敏感，并逐渐产生阉割恐惧、躯体残害（Mutilation）以及其他有关男女之间区别的幼稚见解。［自1974年盖勒圣（Galenson）和罗菲（Roiphe）起，后弗洛伊德精神分析家发现，儿童开始关注性别差异的时间比弗洛伊德认为的要早得多，而且，儿童确实把这些早年的体验大部分地带入了俄狄浦斯期的三角关系中。］这时期的儿童对婴儿如何出生痴迷地好奇，并且他们对父母的性生活充满复杂的幻想和嫉妒体验。

大约三四岁，正常发展的儿童同样也具有自主性，这种自主性不局限于两难期的权力之争。同时，他们又渐渐意识到死亡的现实性，这使得他们对自己在三角关系中想驱除父母一方而获得另一方的愿望感到畏惧，因为此时，对他们来说，行为与思想分离的过程尚未发育成熟。因此，内疚和投射内疚常常表现为，儿童就寝时担心存在隐藏攻击者而焦虑不安。而儿童担心自己的愿望可能招致报应的畏惧，最终可通过与照料者，尤其是与儿童感到最有竞争力的父亲或母亲认同而得到解决（"当我长大时，我可以像我爸爸一样，并娶一个像我妈妈一样的女人"）。这一年龄的儿童常常需要把照料者理想化，正如自我心理学家已指出的，照料者必须首先与被理想化的形象保持足够的一致,另一方面也必须毫不防御地容忍儿童对自己的诋毁。大约在俄狄浦斯后期,父母亲逐渐失去权威的地位(幼儿园的老师比母亲知道的多)。儿童在这个发展阶段的主要成就是获得复杂和充分内化的道德感,这种道德感是儿童对权威人物认同的自然结果。用精神分析的行话来说就是,成熟的超我代替了先前发展阶段简单的非好即坏的表象。

弗洛伊德假定,大约六岁以后为潜伏期。在潜伏期间,因为儿童已发展出成熟的防御机制,特别是压抑,它把烦扰的念头压抑到意识以外,所以儿童暂时缓解了应对强烈原始欲望而导致的紧张,并能集中精力于学习和社会化。青春期荷尔蒙的刺激预示着青少年阶段的开始,同时也可能激发以前没有解决好的冲突的再现或最终大爆发。随着性成熟,人们可能会将口欲期、肛欲期和俄狄浦斯期的问题压缩转变为成年期性的愉快体验,这种理想状态的特征是:个体能把爱、侵犯、依赖和性整合,进而与他人建立关系。弗洛伊德的大多数临床著作,如我在这儿描述的一样,非常强调最初的三个发展阶段,因为他相信成年期的神经症问题起源于普遍的"儿童神经症"。

自弗洛伊德之后,精神分析的心理发展理论已同时向两个相反的方向进展:(1)俄狄浦斯前期被剖分为部分的亚阶段(Klein,1946;Balint,1960;Winnicott,1965;Mahler,1968;Mahler,Pine,& Bergman,1975;the Blancks [G. Blanck & R. Blanck,1974,1979;R. Blanck & G. Blanck,1986];Greenspan,1989,1997);(2)发展阶段的概念延伸入生命周期较后的阶段(Erikson,1950;Sullivan,1953;Blos,1962;Levinson,Darrow,Klein,Levinson,& McKee,1978;Kaplan,1984;Osofsky & Diamond,1988)。两方面理论的阐述都对临床干预具有非常重要的意义。

此外,一些理论家已重新诠释了经典精神分析理论关于潜伏期之前阶段的发展,他们所强调的不同阶段的重要课题与弗洛依德的观点相左,而艾里克森是其中最具影响力的一位。简而言之,艾里克森开宗明义地提出:最初三个发展阶段中人际关系的重要性,足以替换弗洛伊德所强调的内驱力满足。艾里克森认为,自己的贡献在于对弗洛伊德理论的完善而不是取代。大

多数当代分析师追随艾里克森的观点,不再强调内驱力本身,而把焦点集中于反映各个发展阶段特征的人际关系质量上。即使那些像弗洛伊德一样重视生物性驱力作用的分析师,也比弗洛伊德更强调人际关系和情感的意义。

在初始访谈中,治疗师必须敏锐地捕捉患者从婴儿到青少年前期所经历的困境、发展阶段和事件(Pine,1985)及他在青春期后所经历的危机、所处的发展阶段和转变。在对任何一个患者进行心理评估时,分析师不仅必须了解他目前的困境,而且应时时回顾他早年解决相应冲突的优劣。例如,对于一个年轻患者,治疗师需要了解20岁出头者所面临的心理发展任务(最主要的任务是建立与另一个人的亲密关系),还要了解这些心理成熟过程重新激起的早年信任或不信任冲突。顺便要指出的是,有关生命最后阶段的精神分析理论并不令人满意。艾里克森在他生命最后的10年中经常评论说,如果让他重写生命周期理论,他不会将60岁以后的所有事只归为一类(Erikson,1997)。只有当他自己到了老年时,他才从情感上理解65岁和85岁老人的心理存在着极大的差异。尽管精神分析观点融入老年医学已有一段时间,但是本书无疑反映出了这一领域目前的局限性。

性格形成的发展心理学观点

临床访谈的一个核心任务是评估形成个体性格的心理发育情况。患者的主要问题是否发生在被弗洛伊德称为口欲期和被玛勒(Mahler)称为共生阶段的时期?如果是,访谈者将听到以下主题内容:如艾里克森的"基本信任与不信任"(basic trust and distrust)的冲突、沙利文(Sullivan)的"我与非我"(me versus not me)的紊乱、莱恩(R. D. Laing,1965)的"本体非安全感"(ontological insecurity)以及其他一些用来形容婴儿寻求存在感和人格化的派生词。这类口欲期患者常常对自己的思维是来自内部自我还是外部环境混淆不清。现实检验将出现问题。情绪调节将相当困难。当患者以一种含糊或概括的方式描述其生活中的主要人物时,访谈者对这些人物的印象就如同雾里看花,无法感到他们栩栩如生。患者还可能对自身的基本特征闪烁其词，如：男性还是女性、同性恋还是异性恋、强壮还是软弱、善良还是险恶。此时，访谈者往往可能会陷入深深的含糊困惑之中。

或许，患者的主要冲突是否发生在弗洛伊德称谓的肛欲期，或玛勒称谓的分离-个体化发展阶段？如果是，患者将体验双重冲突，如：艾里克森（1950）的"自主与羞耻/怀疑"（autonomy versus shame and doubt）、沙利文（1947）的"好我对坏我"（good me versus bad me）、玛勒（1971）的"亲近与回避"（coming closer and darting away）、玛斯特森（Masterson）的"陷入抑郁与放弃抑郁"（engulfment versus abandonment depression）、肯伯格（Kernberg，1975）的"变化的自我状态"（alternating ego states）。婴儿的无助感和向往自主之间的斗争不断加剧，自我的存在也不断壮大，这种状况反映到治疗访谈中，就能使访谈者感到非常强烈的反移情（敌对、诋毁、拯救幻想）。这种情况下，访谈者无一例外地被看做患者生活中的某一人物，并以非好即坏的角色出现在其主观想象世界里。即使患者主观世界中的人物频繁更换，但总是显露出非好即坏的性质，在这种状态下，患者的现实检验能力尚适切，但认同则相形见绌，并且初级防御机制，如否定、分离、投射性认同，将在个体解决问题的过程中占主导地位。

或许，患者是否从俄狄浦斯期的角度来理解世界？如果是，分析师要注意患者对性、攻击和依赖的易感性，并且把这种易感性置于下列情况中综合考虑，如：与客体对象建立稳定关系的总体能力、感知自己和他人的复杂性、对困惑的容忍、观察自身情感活动的能力、自我检点以及自我责任感。这类患者对现实检验有把握，对于他人的复杂性能报以忠诚、体谅和理解。当谈到生活中的主要人物时，患者将带给诊断医生非常生动、全面的描述。俄狄浦斯期的个体特征被理解为一个具有强烈自我感（sense of I-ness），同时又能清楚意识到自己的痛苦的人。治疗师常常会对之产生正性的反移情。

上述诊断观点通常指的是评估患者的性格是否具有共生水平的精神病理、边缘性或神经症性的成分（我们的人格中都含有这些成分，但是通常以一种成分占多）。我已在《精神分析诊断》（1994）一书中非常详细地论述过这些人格因素的演变历史和临床应用，其中，我还就其应用范围作了三方面的概述：(1) 支持式治疗；(2) 表达式治疗；(3) 暴露式治疗，分别用于治疗不同性格结构的患者。在这里，我仅给出一个案例，来说明访谈者评价的观点最终如何影响对患者的治疗。

支持、表达和暴露式心理治疗都属于精神分析，但是他们之间泾渭分明。例如，一个妇女可能描述自己被上司批评后感到如何难过，在支持式治疗中，治疗师可能会这样说："我能理解那是多么令人烦恼的事，你一定感到自己难以忍受这样的愤怒和伤害，我希望你能设法控制自己的工作情绪，那样你的上司就不会变本加厉地批评你。"

在表达式治疗中，适当的干预可能会是："当你感到我不能理解你的工作环境有多糟时，你非常生气。当我同情你的时候，你又指责我对解决问题无能为力。当我建议你试着努力使事情好转时，你又感到我在批评你而气愤。我感觉，你现在对我的看法——无论我怎样做都是错——可能同样反映在你生活的其他各个方面。"

在暴露式治疗中，治疗师可能会简单地问："你上司的所作所为使你联想到了谁？"

上述三种治疗技术之间差异较大，到底应该选择哪一种治疗方式，应主要取决于评估个体人格形成的心理发育过程具有哪些成分。

焦虑和抑郁体验的心理发展成分

理解人格结构不同方面的成熟程度对评价个体焦虑和抑郁体验的性质有很大帮助。当我们聆听一个焦虑患者诉说时，我们都倾向于把自己对焦虑的理解投射到对患者的理解中。但是，焦虑起源究竟是在共生阶段，还是在分离－个体化阶段，或者是在俄狄普斯期，其差别是很显著的。第一种焦虑起源于共生阶段，通常被称之为毁灭焦虑（annibilation anxiety）（Hurvich，1989），是对自我将被另一个自我压制和吞没并感到自我不再存在而产生的恐惧。这多半指未经治疗的个体在急性精神分裂状态下产生的焦虑，这种焦虑使人无法忍受，并极少被感知。我们大多数人都有强大的防御措施来避免这种幼稚的原始恐惧感，并且我们也难以理解那些防御无效的人有多么痛苦。我们大多数人在心理上会残存毁灭焦虑，特别表现在对亲密关系的恐惧。我们不难发现有些人与他人亲密接触时会迟疑彷徨，这种畏惧来源于担心自身的独立存在将受到威胁。

第二种焦虑，起源于分离－个体化阶段，即分离焦虑（separation anxiety）。这一焦虑对我们每一个人都有一定程度的影响，每当分离发生，必然激起我们婴儿期分离恐惧的潜意识记忆痕迹，尤其，分离焦虑是边缘性人格者的激烈而重要的体验。分离焦虑虽然不如毁灭焦虑那么激烈，但同样是自我丧失的不祥之兆。当一个人缺乏依附的对象时，就会感到空虚和不真实。这种感觉有可能会强烈到置人于濒死状态，譬如，一个被殴打的配偶，其心灵孤独的痛苦远甚于肉体的折磨。分离焦虑还能导致严重退行以及萌发莫明其妙的敌对情绪，甚至严重到出现冲动性自杀（Meloy, 1992）。

焦虑的第三种形式是俄狄普斯焦虑或超我焦虑（superego anxiety），包括害怕因不能接受的性、攻击和依赖冲动而受到惩罚。虽然这种焦虑没有威胁到现实知觉和自我认同，但是将严重损害自身的"完美感"（good-enough-ness）。尽管事实上，俄狄普斯焦虑产生于儿童自我感和现实感巩固之后，但由于俄狄普斯期幻想通常包括死亡和报应的想法，焦虑可能依然会相当强烈。个体的成功体验通常激起俄狄普斯焦虑，如果一个人的成功使他/她情绪上强烈地感受到战胜了父辈，他/她可能会变得非常焦虑或出现一些症状，潜意识中期望自己的举动将受到惩罚。

安娜·弗洛伊德在《自我和防御机制》（*The Ego and the Mechanism of Defense*, 1936）一书中，依据心理结构中本我、自我、超我所导致焦虑的不同，对三种焦虑作了区分。她把来自本我的焦虑称为"对本能力量的恐惧"（dread of the power of the instincts），强调遭受这种焦虑痛苦的人如何感受到自己处于绝望的境地。安娜·弗洛伊德追随其父亲，称起源于自我的焦虑为"信号焦虑"（signal anxiety）——指当身处与过去情景相似的当前情形时油然而生的恐惧感。来自于超我的焦虑称为"超我焦虑"（superego anxiety），是指害怕因渴求不可接受的事物而招致惩罚。

安娜·弗洛伊德试图在其父亲后期形成的人格结构模式中阐述焦虑。她和大多数分析师都确实认为这种人格结构模式有益于临床分析。安娜·弗洛伊德是用精神分析观点研究婴儿的先驱，基于对婴儿的观察，她完善了弗洛伊德发展心理学理论。我认为安娜·弗洛伊德区分不同焦虑类型与精神分析发展心理学互相兼容。对本能力量的恐惧，是在心理发育早期的共生阶段，当无限能力幻想过于强烈时而产生的自然恐惧。信号焦虑来自于儿童曾经历分离并且拥有记忆能力时的焦虑体验；而超我焦虑，某种程度上反映出俄狄浦斯期认同方面的成功。

在临床工作中，一个治疗师若了解如何从主观上区分不同的焦虑状态，将比仅仅把焦虑看做一种单纯的、无差别的现象，能开展有效得多的治疗工作（当然，大多数药物治疗倾向于对焦虑不加区分。但从长远看，这将对患者不利）。一个人到底患有哪一类焦虑，不能简单地从患者的外在表现来推断。例如，如果我有不正当的婚外情，情感上极度痛苦而前来求治。临床医生最初绝不会知道，我是由于另有新欢而激起了强烈的本能冲动；还是由于潜意识知觉到了桃色事件将严重威胁我的安全、名誉和家庭；或是因为私通，我正经受着内化了的道德观的惩罚。如果治疗师不能分辨出我的焦虑类型，以及这些焦虑与心理发育阶段相关问题的意义，那么治疗师很可能会把自己对相同情景的反应投射到我身上——其实这并不一定符合我的体验。

同样，当一个人抑郁的时候，感受痛苦有三种不同的状态：在精神病状态，认为自己罪孽深重，已无药可救；在边缘状态，感到绝望和空虚、被遗弃；在神经症状态，相信追求快乐是危险的。临床医生能否对抑郁患者提供安慰和希望，在一定程度上取决于治疗师对抑郁内在特征的主观理解。对抑郁和焦虑痛苦的怜悯是每一个具有同情心者的自然反应，而要真正对某人的痛苦产生投情，则必然取决于对痛苦所代表的特定性质和心理发育问题的理解。

心理发育、生活应激和病理心理

当生活事件激发了某种内在的、潜意识的易感内容时，人们就会寻求心理治疗。寻求治疗的原因各不相同，如遭人拒绝、喜出望外、性诱惑、养育子女问题等。由于对各种刺激的内在理解不同，以下情况也就不足为奇了：某人对丧失亲友哀痛有节，而在经受轻微刺激后却濒临崩溃，如对同事间的误会暴跳如雷。

紧急求助于心理服务的一个常见因素是潜意识的"周年反应"（anniversary reaction）——例如父（母）亲死后的第十个年头（在我们的文化中，人们潜意识地以十进制的方式进行思考），或者患者到达父（母）亲死亡时的年龄。某妇女在发生意外流产后，于每年的这一天都可能会突然感到抑郁，由此相关现象我们可以推论，人会潜意识地计时。通常，人们求助于心理治疗时并没有意识到这与自己以往经历的重大事件的时序有关，或认为两者并无必然联系而根本不加注意。

成人寻求心理治疗的另一个常见时间是，某个孩子到达与自己过去经历创伤时的年龄相仿时。例如，假如我在7岁时遭受过性骚扰，那么，我很可能在我女儿长到7岁左右时出现一些症状。如果我在13岁时失去父亲，就可能在我孩子长到约十几岁时有出现某些病理症状的危险。这种反应似乎由几个部分组成，包括：(1)通过与孩子认同，刺激自己潜意识地再次体验以往所受过的创伤；(2)迷信地担心孩子会遭受与自己一样的创伤，或是希望把孩子的痛苦神奇地转移到自己身上；(3)因孩子并未遭受自己在那个年龄时所遭受的创伤，潜意识中产生嫉妒，同时，还因为孩子并未对自己的好运和所获得的母爱感恩戴德而充满恨意。治疗师寻找上述种种可能的联系，对于解释某人为什么现在来求助是非常重要的。

一些刺激能自然而然激活特定发展阶段的问题。如：被强行压制、被极度贬低以及思维混乱状态，都很可能会引发起源于共生心理发展阶段的问题——关于自身存在和现实感的问题。失去心爱的人或被重要人物拒绝将会激发分离－个体化发展阶段的问题。性诱惑和三角竞争关系的体验，将有可能诱发俄狄浦斯期的问题。理解这些过程对我们十分必要，以便我们以特定刺激引起的发展问题为主线，对患者作出恰如其分的评估，既不低估亦不高估其异常性。例如，一个经历事故后毁容的人，可能发现自己感到不真实、心如死灰和精神迷惘。尽管事实上他的表达与共生阶段的问题相匹配，但我们却不能仅凭这点就假定他有共生期人格结构。在这个案例中，他所经历的刺激性质，将使每个人都可能出现这样的反应。

评估依附类型

依附类型不同的人，其心理发展进程也许会有差异。对此，我们至今仍知之甚少。重要的是，我们不应把个体特定的依附类型与某种发展受挫对应起来。在20世纪70年代末，鲍比关于依附和分离的工作（Bowlby, 1969, 1973, 1980）激发了一系列创造性实验，在这些实验的基础上，玛莉·艾斯沃斯（Mary Ainsworth）和她的同事（Ainsworth, Blehar, Waters, & Wall, 1978）描述了个体三种不同的依附类型：安全型（secure，迄今为止最大的一类）、回避型（avoidant）、矛盾－对抗型（ambivalent-resistant）。除了回避型与矛盾型的极端，所有人的依附类型都可视为在个体差异的正常范围内。

近期研究（Main&Solomon, 1986）确定了尚存在第四种类型，这是一种适应不良的类型，研究者称为混乱型依附（disorganized-disoriented），受虐婴儿中大约有80%（Osofsky, 1995），抑郁或酗酒母亲的子女中有40%~50%，均符合这种类型（Hertsgaard, 1995）。这些儿童既寻求，同时又回避依附；表现出害怕、悲伤、混乱、攻击、恐慌和冷漠；注意困难；面部表情通常恍惚迷茫。这四种子女的依附类型均与父母的依附类型相关，已证明：依附类型至少在整个学龄期保持稳定不变（Kobak & Sceery, 1988）。临床经验提示：这些反映个体依赖性的方式可能具有终身倾向，但对此尚需进一步研究以证实。同时，一些治疗师已经发现，理解患者独特的依附类型对于治疗选择至关重要（Stern，1985）。

小　结

我试图向读者简要介绍精神分析的发展心理学理论，既不回避它存在的问题和局限性，也不抹煞它的贡献和临床意义。目前，精神分析有关正常心理发育过程的理论正在飞速发展。对婴儿期及儿童期进行的实验研究所取得的进展，使依附理论得到不断精炼与完善。尽管这些理论使治疗技术日臻完善，但限于篇幅，本章无法一一而足。然而，我还是强调，对于特定的患者，评估其异常心理究竟反映的是冲突抑或是发展受挫，是非常重要的。我回顾了经典弗洛伊德和后弗洛伊德关于正常心理成熟的观点，并且还讨论了它们对于理解人格结构及各种焦虑与抑郁情感内涵的意义。最后，我阐释了特定的刺激在形成个体独特心理反应方面所起的重要作用。

第 五 章
防御机制的评估

　　防御（defence）的概念已渐为人知，对"防御"过程进行评估，使精神分析思想在很长时间内独树一帜。弗洛伊德对异常心理的好奇心，最初始于某些临床观察，这些临床观察在我们现在看来，主要是分裂或否认的防御机制（Freud，1894）：一个人怎么能在同一时间对同一事件既了解又不了解呢？在《精神分析诊断》一书的第五、六章，我论述了防御机制的一般概念，读者可以从中了解一些概况。至于其他概要和观点，也可以参考安娜·弗洛伊德（1936）、拉弗林（Laughlin，1967）以及瓦尔勒特（Vaillant，1992）的相关著作。本章的重点在于，阐明对患者防御倾向的评估如何能使心理治疗更为有效。我不仅介绍个体惯用的防御机制，同时还介绍由情境激发的反应性防御机制，而前者与雷治（Reich，1933）所称谓的著名的"性格面具"已融为一体。

　　从某种意义上来说，整个访谈过程都会引发防御，而这恰恰为临床医生提供了机会，使其能够看清：患者是如何防御向陌生人暴露隐秘和痛苦的。人们来找治疗师时，内心交织着希望与羞愧。他们希望表达苦苦挣扎的心理问题，而同时他们又想文过饰非，以使治疗师不会如自己那样对自己的心理问题产生负面看法。他们一边极力想实言相告，一边又受焦虑驱使而比平时防御得更为严实。因此，大部分治疗师对防御的观察将会随着患者在整个治疗期间的行为而飘忽不定。然而，某些具体问题也许最能突出防御功能，包括：当你焦虑不安时，可能会做什么？当你难过时，你如何安慰自己？有没有典型的家事，能把你的性格反映得淋漓尽致？他人可能会对你作出什么样的评论、批评或抱怨？你发现自己是怎样对待治疗师的吗？

众所周知，在精神分析的概念中，有一些很难通过实验方法来研究，防御机制即是其中之一，而防御机制却也是最值得认真研究的概念之一。尽管防御过程基本是主观和不随意的，且"防御结构"仍然只是一种假设，然而确实存在着诸如"压抑"、"否认"、"退缩"、"理想化"以及类似机制，从而有可能对其进行对照实验研究。防御机制这一概念——在非精神分析背景下，有时称为"应对方式"（coping）——甚至已经得到足够的经验证实而被收入DSM-IV中（轴Ⅵ：在"供进一步研究之用的分类组群与轴向"之下的"防御功能量表"），尽管它只是作为一种对诊断信息的补充性及选择性分类。关于防御对轴Ⅱ诊断所具有的意义，瓦尔勒特和麦克可拉夫（McCullough，1998）最近已提供了研究支持，而在DSM的最新版本中，轴Ⅱ的描述更重视可观察的行为而非内在动机，因此是以牺牲效度换取信度。

正如瓦尔勒特（1971）所指出的，防御可能改变一个人对以下某些或全部领域的感知：自己、他人、思想或情感。它们可以在认知（如合理化，通过操纵思想来缓解痛苦）、情感（如反向形成，通过转向反面来处理令人不安的情绪）行为（如付诸行动，通过外部行为来逃避痛苦的内心冲突）或三者的某种结合（如逆转，通过认知和行为来操作："不是我感觉到X——而是你，因此，是我要将你从这种情感中解救出来。"）等领域操作。

虽然，精神分析学者一致同意，某些防御机制比其他防御机制使人更具适应性（Laughlin，1967；Kernberg，1984），而且，尽管有许多经验证明病理思维中有许多防御机理（Weinstock，1967；Haan，1977；Vaillant，1977），但目前尚没有防御方式的正常标准，因此也无法确定什么是健康或不健康的防御模式。在治疗师中，肯伯格（1984）关于鉴别原始的或原发性与继发性或成熟的防御机制的基本理论，也许是最广为接受的。肯伯格认为：压抑和诸如反向形成、隔离、抵消、理智化和合理化等相对高水平的防御机制，通过拒绝来自意识自我的内驱力衍生物（drive derivative）或其观念表象（ideational representation），或二者兼而有之，来保护自我免受内心冲突。分裂和其他相关机制，则通过分离或主动避开自己和重要他人的矛盾体验，来保护自我免受冲突。"其他相关机制"包括原始理想化、投射性认同、否认、全能感和原始贬低。我注意到（McWilliams，1994，p.98），较原始的防御机制涉及了自己和外界的界限，而层次较高的防御过程则处理内在界限，诸如自我或超我与本我之间的界限，或观察自我（observing ego）与体验自我（experiencing ego）之间的界限。

人们的防御模式几乎与他们的声音、指纹一样，都具有个性化特点。某些人以悲伤防御愤怒，而其他人则以愤怒防御悲伤。某些人防御深藏内心的羞耻；而其他人则设法摆脱内疚。某些人具有广泛的防御技能，而其他人则以不变应万变，只用几种防御机制却屡试不爽。为了帮助别人，我们需要了解患者以何种特有的方式来运用思维、情绪和行动以平息内心的心烦意乱。

评估防御机制时的临床及研究注意事项

对于研究来说，重视可观察行为的疾病分类优于那些利用内心体验和推论过程的分类。但是，对于临床来说，更重要的是了解一个人行为的意义，而不是对外在行为依样画葫芦。反社会人格障碍这一现象就很好地说明了根据可观察的行为来进行评估的局限性，此类评估忽略了人的防御倾向的重要性。自从颁布1980年版本以来，DSM在很大程度上依靠里·罗宾斯（Lee Robins，1966）这位对反社会行为感兴趣的社会学家的研究，因为她对异常心理现象的定义是描述性而非推论性的，来源于实验观察而非理论推导。评估反社会人格障碍（这个术语本身反映了社会学家对背离传统社会规范的现象的兴趣，与心理治疗师对动机和个人意义的关注形成对比)时，她运用了行为的、可观察的标准，因此，这极为适于传统研究。有赖于罗宾斯的研究结果，DSM-Ⅳ为反社会人格障碍设立了七条标准，其中只有一条，即"缺乏同情心"，涉及内心体验。

但是，对于治疗师来说，心理异常的关键指标几乎无一例外都应是内在的。他们包括持续观察的并记录完整的现象，例如情感虚假（Cleckley, 1941）、缺乏良知（Johnson, 1949）、因"优越"而张狂的愉悦（Bursten, 1973）、追求极端刺激（Hare, 1978）、缺乏同情心（Hare, 1991）、自我中心或自命不凡（Cleckley, 1941；Hare, 1991）除了愤怒和嫉妒外（Meloy, 1988）一概情感淡漠（Modell, 1975）以及也许最重要的（而且是本章的讨论重点）——对全能控制感（omnipotent control）这一原始防御机制的依赖（Kernberg, 1984；Meloy, 1988；Akhtar, 1992）。

治疗师发现，至少在初始访谈中观察行为的基础上，许多人并不具备下列在 DSM 中标注反社会人格障碍的指征：①违法行为；②欺诈；③行为冲动；④公然表示愤怒和攻击；⑤完全不顾自己和他人的安全；⑥行为不负责任。某些对生活一直具有控制欲、缺乏同情心并追求权势的人，表面上却是相当道貌岸然。但是，有经验的临床医生从他/她对全能控制感这一防御机制的长期依赖的证据中，可判断出异常心理的存在。从一个女人多少有点冒昧的问题，从一个男人为他的女治疗师开门时极富魅力的方式，或者从一个公司经理兴致勃勃描述公司间的吞并，治疗师都可推论出异常心理的存在。许多并不符合明显的 DSM 标准、表面上博人青睐、规规矩矩的中产阶级，当施以投射测验时，都会暴露出他们反社会的一面（Gacano & Meloy, 1994）。

对于青少年团伙和犯罪组织等边缘亚群体中的人，DSM 标准有可能对其异常心理作出误诊；而对于那些在主流角色方面获得成功的人，又有可能漏诊。它更易于将那些贫穷或无权无势、无钱保释出狱的人归类为具有反社会人格障碍。然而，在政界、商界、军界、娱乐界——有很多机会行使权力的任何角色中，心理异常之人都绝不罕见。换句话说，DSM 很容易引导诊断不成功人士的异常心理（如那些儿童期即被归类为品行障碍者，或青少年期或成年期因违法行为而被拘禁者），然而，对于识别那些欺诈能力高度发展并极为奏效的人，几乎没有帮助。

了解异常心理倾向者的内在主观世界，远比简单地将他／她诊断为"反社会"人格更具治疗意义。这种了解所带来的治疗影响，包括治疗师的权威姿态、治疗中的不容妥协、干预方式的实用而非颐指气使（Greenwald, 1958; Meloy, 1988, 1992; Akhtar, 1992; McWilliams, 1994）。在许多案例中，尤其是一些较隐晦的案例，反社会倾向尚未引起学校或法律的注意，治疗师对防御机制的评估就非常关键。该评估可警示访谈者，早在异常行为显而易见之前察觉出反社会动力学特征——这一结果在该诊断中具有显著的重要性，因为患者不一定非到违法或明显异常时才来就诊。许多心理异常者经常在外力作用下来寻求治疗（如为了治疗师给他们的行为作证；或为了有资格获得残疾保险金；或为了诈病，让别人相信自己寻求心理治疗是为了改变即将暴露的自毁或毁人行为）。

此处，异常心理只是用来举例说明评估患者相对无形的防御体系的重要性。正如一个人在访谈情境中对全能控制感的依赖会提醒治疗师注意被访者可能具有异常心理倾向，对某一种防御机制或防御机制群的习惯性依赖也与特定的性格倾向有着千丝万缕的联系（或者，以我的思维方式来说，这种情况就是性格倾向）。每一种倾向在临床和理论研究方面均有着相应的研究。对分裂、投射性认同和其他"原始"防御机制的依赖与边缘性人格结构有关（Kernberg, 1975）；理想化和贬低暗示自恋（Kohut, 1971; Kernberg, 1975; Bach, 1985）；退缩到幻想状态表明分裂倾向（Guntrip, 1969）；反向形成和投射的防御机制与偏执过程有关（Meissner, 1978; Karon, 1989）；退行、转换和躯体化意味着心身易感性和癔症倾向，即不能用语言来表达情绪情感（Sifneos, 1973; McDougall, 1989）；内射提示抑郁和受虐心理（Menaker, 1953; Berliner, 1958; Laughlin, 1967）；否认是躁狂的特点（Akhtar, 1992）；

移置和象征化提示恐惧态度（MacKinnon & Michels，1971；Nemiah，1973）；情感隔离、合理化、道德化、分隔化及理智化表明具有强迫倾向（Shapiro，1965；Salzman，1980）；抵消是强迫行为的核心防御机制（Freud，1926）；压抑和色情化暗示癔症性问题（Shapiro，1965；Horowitz，1991）；分离反应为创伤后心理状态所特有（Putnam，1989；Kluft，1991；Davies & Frawley，1993）。上述关系的描述当然易受到反对标签式及病理化诊断的人士的批评，而许多人挑剔DSM和描述性精神病诊断的理由，不也就是二者都是标签式病理化诊断吗？但是，这种在透彻理解防御机制基础上形成的标签，至少是更广博、更复杂的结构，并有大量文献的支持，细心的临床医生从中可获得指导治疗的大量知识。

性格性与情境性防御反应

究竟产生何种具体的防御反应，大多可由人们特定的性格结构或所处的情境决定，正如前一章所讨论的成熟问题那样。我想以一个具有偏执性人格的男子为例，来说明性格性防御模式。识别偏执特性的指征即是该类人群较多应用投射性防御方式。具有偏执狂性格的男子，几乎在每种情境中都会运用投射这一防御机制。如果他被别人的汽车挡道，他会将他的愤怒投射到驾驶员，确信驾驶员故意找碴。如果他感到抑制不住对某人的性冲动，他也许会倒打一耙，责怪对方勾引自己。如果与一个令他嫉妒的人在一起，他也许会转为对自己的孤芳自赏，而将嫉妒归于对方。在治疗中，他往往只从自己的观点出发，来理解治疗师所表达的信息，如猜测治疗师疲惫的神色是否意味着感到无聊，或者治疗师谈论天气的寒暄是否蕴含了对他性取向的某种隐射。他也许会怪异地理解包括治疗师在内的他人的情感，然而，他随心所欲的推测往往都大大偏离了事实基础。

也许很难将具有偏执性格者和处于容易产生偏执的情境中的人区分开

来。假定创伤能破坏一个人的期望和基本安全感,那么,它就会令先前非偏执性的人产生偏执情绪(Herman,1992)。正如精神分析治疗师清楚知道的那样,模棱两可的情境也会引起投射;在治疗中,对于较健康的患者,我们故意只让患者对治疗师了解很少,以便探测他们对治疗师产生何种投射。如果缺乏足够的外部信息,人们会调动他们内部的资料来理解发生在他们身上的事情。他们的环境越迫切,他们就越需要借助于仅有的信息来破译事情的含义。因此,任何情况下,只要一个人感到情绪被激起(如受到专横或不公正的对待),或没有足够信息来了解正在发生什么,就会引发投射。当人们感到羞愧时,他们常常假设有人试图羞辱他们。当他们感到受伤时,他们经常将受伤的原因归于别人恶意中伤。当然,他们有时是对的,但仅仅是有时,因为别人行为的后果经常与他们行为的动机截然不同。

防御反应类型构成了人的个人倾向性和对环境刺激源的反应类型。在临床上,评估任何特定的反应是代表前者多还是后者多,是很有用的。如:当患者报告自己处于特别没有人性的工作环境,并称老板一心要追她时,她的结论中明显的偏执性质,既可能多半反映了她的性格结构,也可能反映出她对现实的适应,而现实即是很容易使人产生投射的。决定一种防御更多的具有性格性还是情境性的一个临床基础是,治疗师对患者的内在主观反应。如果投射性防御机制主要是性格性的,治疗师会为患者如此迅速而鲁莽地投射而感到吃惊。如果主要是反应性的,尽管患者对处境感到不安,治疗师能感到患者能将治疗师与环境独立开来,能感到治疗师饶有兴致,乐于帮助自己。巧妙地询问患者的背景及在困扰环境之外的行为,也许有助于澄清正在发生什么。对于反应性的偏执,投射反应将被限制在诱导该反应的情境中,例如一个感觉在工作中受到迫害而具有反应性妄想的人,不会报告也受到家人或者好友的迫害。

为了通过不同的防御机制来阐明同一观点,我想以另一种防御机制,即否认,为例,这种防御会在令人猝不及防的生活事件中油然而生。当听到可怕的消息时,我们任何人可能做出的第一反应都会是:"哦,不会吧!"我们大多数人相当擅长凭直觉区分以下两种人：一种人具有躁狂性格，因此他几乎在任何环境中都使用否认这一防御机制；另一种人正应对生活挑战，如被诊断为癌症，这会激发一定量的否认，直到此人找到应对这种灾难的更具适应性的方式。此外，评估一个人是处于短暂的、情境诱发的否认状态，还是习惯性地否认所有令人不安的信息，有赖于治疗师揣摸访谈的整体基调。对一个具有躁狂性格或轻躁狂的人，常见的反移情是，感到事物犹如走马灯似的变幻迅速、无常、无序，且与情感不协调。对处于严重躁狂期或轻躁狂人格的人往往误诊，这是因为他们感到的困扰比他们实际的要轻，这也许也反映了治疗师对患者应用否认的自然投情——如此之多，以至于可能忽略一个躁郁症患者的问题具有性格基础这样的事实。

评估防御机制的临床意义

长期意义及短期意义

对一个人稳定的防御结构进行详细的评估之所以十分必要，那是因为传统的精神分析理论认为，在长期的分析治疗中，如果能使患者具有更丰富的体验和更广泛的选择，就可能使患者的防御模式发生变化。患者能学会识别何时能根据需要"自动"选择特定的防御策略，并考虑这种反应是否对当前情境最有效。他们能以深思熟虑的、积极主动的行为来代替草率的、不由自主的且经常弄巧成拙的行为。他们能使任何一种防御模式向更成熟方向发展（如从完全的情感隔离到多少理智地承认情感的存在，或者从原始的理想化到成熟的理想化）。他们能掌握一种用途更广、更有效的处理方法。

在目前这样一个迫于经济压力而将治疗量降到最低的年代，大多数人凭直觉仍然理解，他们的治疗需要很长的时间。他们中一些人有能力、也愿意对这种成长所需要的时间与金钱进行投资。也有一些人——例如那些完全、彻底的支离破碎类型的人——他们的防御机制是如此的适应不良，以至于甚至第三方付款人有时都愿意承认他们需要长期的治疗。但即使在只能做短期治疗或危机干预时，对一个人的性格性防御机制有一定了解也是极有价值的。这种了解使我们能选择一种最可能被患者所接受的干预方式。

让我从大多数临床医生所认为的理想状态开始：患者自愿求治、有治疗动机、有能力支付治疗费，愿意坚持足够长的时间寻找心理问题的源头而不仅仅就目前表征进行治疗。在这些条件下，如果治疗师认定患者用以处理特定生活应激的防御机制是适应不良及情境性的，就可以向患者指出，并鼓励其考虑用其他的方式解决问题。例如，一位男子的父亲处于疾病晚期，为摆脱情绪困扰，他以常见的退缩模式作出反应。治疗师可以告诉他，虽然试图回避痛苦是人的自然反应，但他以后也许会遗憾，在他父亲生命的最后几个月没有好好陪着他。治疗师可以剖析他的恐惧——他担心与垂死的父亲在一起会给他带来深切的哀伤；但同时质问他，为什么丧失亲人所自然伴随的痛苦感觉对他来说如此可怕。治疗师可以探究患者是否对于情绪"失控"有何幻想。治疗师可以指出，他的退缩并不会奇迹般地延长其父亲的生命，或使他最后的日子更加好受。治疗师还可以鼓励患者寻找其他可能用以处理哀伤的方式，这些方式也许更为积极，更能令他及其家人满意。如此等等。

另一方面，如果治疗师发现患者当前的防御方式既属适应不良，又具性格性，面临的临床挑战就更为巨大了。在前面的例子中，尽管一个相对表达良好并与现实接触良好的男人发现自己不可抗拒地在回避，治疗师仍然能够发现，患者能部分意识到那种回避不合时宜并于事无补。但是，在同等情形下，如果某人应答不愉快现实的退缩方式是习惯性的，则他自己也许就会对此浑然不晓。对此人来说，回避倾向是如此自然与习惯，以至于他最初无法想象以其他方式处理事情。如同呼吸一样，对他来说，他的防御模式是如此驾轻就熟，以至于他甚至根本不认为需加以考虑和斟酌。

在此等例子中，特定的防御机制是如此根深蒂固，应用时完全不知不觉，因此，标准的分析治疗不得不在最初的几个月甚至几年，花费大量的时间将自我协调的防御转变为自我不协调。对防御机制进行直接、过早的解释，并不被认为有益，反而是危险而有害的，因为此人基本的生活方式（modus vivendi）遭到了攻击，他/她根本无法接受任何其他方式。对此类患者，治疗师必须要有耐心，只能逐步提出以其他方式解决所遇到的应激的问题。当某种防御机制仍然是一个人试图借以应对刺激的主要结构时，治疗师无法将之彻底消除。在精神分析文献中，有大量书籍介绍了适用于某种特定人格的长期治疗过程。例如，缪勒和埃尼斯科威兹（Mueller&Aniskiewitz，1986）著有关于如何治疗癔症患者的书，这类患者采用的防御机制是压抑、退行、转换和付诸行动；萨尔兹曼（Salzman，1980）的著作是关于强迫观念患者的，他们采用隔离、分隔化、合理化、理智化和抵消等防御机制；戴维斯和弗洛里（Davies&Frawley，1993）的著作则针对惯用分离这一防御机制的患者。

上述案例，无论何种原因，如果我们只能给予短期治疗或危机干预，那该怎么办呢？理解防御机制是否是性格性的，仍然很有价值，尽管我们时间有限，并不能像开放和长期治疗的早期阶段那样，有足够的时间去探寻。我想举一个具有受虐人格结构的妇女为例——简而言之，她习惯而自然地应用于己不利的防御机制。只有将自己的需要投射给他人并且关心那些人，她才能达到满足；当需要照顾自己时，她绝对会退避三舍。在长期治疗中，治疗师有理由期待，这种人能够整合并很好地处理那些被否认、投射和赋予他人的内驱力及需求。但在短期治疗中，治疗师也许只能将之理解为，这是该妇女处理不可接受自我的一种方式，因此，治疗师只能在此范围内工作。如果治疗师试图对此类患者施加影响，使其考虑对虐待她的人采取不同的行为，就不能对她的防御机制进行正面攻击，如说："他是个虐待狂！你不应该忍气吞声！告诉他，如果他不住手，你就离开他！"（如果这种方法有效，寻求心理治疗的人也许会大为减少，因为这似乎是大多数非专业人士在试图帮助他们所认识的受害者时所选择的方式。）

对防御机制进行正面攻击，只会给防御之人提供两种选择：（1）放弃这种防御机制，在尚未形成可以替代的应对策略之前，因焦虑、羞耻或愧疚而

第五章 防御机制的评估

不知所措;(2)反抗劝其放弃他所珍视的防御方式的人。人们几乎总是选择后者。有时,通过对治疗师的理想化补偿了防御的丧失,他们也可能选择前者("相信我的治疗师是个远比我优越的人,我会顺从。我确信,我的治疗师比我自己更清楚什么对我有好处,而这种信念可以补偿我对性格导致行为的担心")。然而,这种做法只是挖肉补疮,因为这样做,治疗师成了发号施令的主宰者,而患者只能惟命是从,付出的代价是:牺牲患者的自尊及自主。一种不良行为是被阻止了,但依赖性转向一个更佳的客体,并且,他的顺从性得到了强化而非削弱。

由于对患者偏爱的防御机制进行直接攻击是个极易犯的错误,因此,大多数短程治疗的治疗师学会了如何回避或巧妙处理患者的防御模式,或者利用他们的防御机制来促进其成长而非导致放弃防御后的束手无策。对于那位假想的受虐妇女,如果治疗师能以一种与她的防御需要相差无几的语言来描绘自己的干预框架,就能有更大的把握去说服她变得更决断。例如,治疗师可以这样说:"我怀疑,鲍伯这样摆布你是否真的对他有好处。不对他的作恶多端进行处罚,你难道不担心助长他的堕落吗?堕落,显然并非他想引以为豪的。也许,他也需要更能感到自己是个通情达理的成年人,能通过平等商量来解决冲突。你有办法回应他的这种需要吗?"一个总是迫使自己无意识地从是否有利于他人的角度来评价自己行为的女人,如果发现自己的习惯性行为对他人并无任何益处时,也许就能重新思考自己的行为。

我想从对性格性心理异常患者进行治疗干预时可能遇到的挑战这个角度,举一个极端的反面例子来阐明如何理解患者的防御机制,以及如何设计自己的评述以避免冒渎此人习惯性的思维、情感和行为方式。如果治疗师的解释没能考虑患者惯用的全能控制感这一防御机制,一个具有反社会人格的男子根本不能接受这样的解释。任何有经验的警官都知道,要使凶手承认犯罪事实,就不能简单地给他安上一个违背其需要的控罪,而凶手需要视自己为永远掌控一切的人。因此,诸如"你失控了"之类的话,尽管为犯人提供了一个借口,但同时也使凶手感到自己的弱小,反而不能促使其认罪，也不会引起他的内疚感（如"你必须考虑对受害人所造成的后果"）。全能者绝不会承认不完美或道德缺陷；他只关心权力。因此，警察们并不对凶手说："为了给受害者的家人有个交代，你必须承认你所做的一切。"而是说："伙计，如果你声称自己并未意识到在做什么，人们会以为你精神错乱。你希望他们这么看你吗？"大多数反社会者宁可冒着坐牢的风险也不愿被看做弱小而忍气吞声。

在心理治疗中，与这个法律案例相似的是病理性撒谎者。对此人为何需要欺骗表示同情的反应并不会诱导诚实，因为试图获得全能感的人绝不会承认自己有需要。类似地，明显具有道德说教性质的话语也会遭到反抗，并会被他轻蔑地视为缺乏世故者所采用的虚伪的花言巧语。相反，治疗师可以说："瞧，你多棒。我可真服了你，我看得出，尽管我鼓励你在这儿要坦诚，可你仍然抵制不住对我撒谎的诱惑。而且，我确信，你如果想骗我，那是不费吹灰之力的。但是，这样做实际上并不符合你的利益，因为对我编造谎话只会浪费你的金钱和我的时间。对于你自己的心理，你就是专家：告诉我，我怎样才能使你鼓起勇气说出真相呢？"

通过接受此人的自大感，并将之与真实、勇气及强大联系在一起，治疗师将患者合作的可能性增至最大。

系统暴露与"单刀直入"防御机制

在治疗师有时间，而患者又愿意就其人格问题进行深入治疗的情况下，治疗师还是应该评估此人特定的防御结构，以了解何种沟通方式最可能深入其心。对防御进行分析的经典精神分析方法是"由表及里"（Fenichel, 1941），即将患者的心理结构看成是分层次的，每一层都防御着更深层的内容。治疗师要系统而巧妙地解释患者体验中意识或接近意识的部分。当患者逐渐理解和感到安全时，潜意识层次的防御、意义或新的体验就会浮现出来，在治疗关系中时，治疗师会逐个对它进行处理。

例如，一个具有癔症特征的人经常表现出一副讨好别人的样子。在这种表象下面，治疗师会发现不信任、敌意及竞争。而在这些较具攻击性的态度之下，隐藏的竟是患者严重的恐惧及对个人脆弱的深切意识。换句话说，奉承是对敌对态度的防御，而敌意接着又防御着恐惧和主观的脆弱感。治疗上述动力学特征的癔症人格患者时，治疗师首先要说一些诸如此类的话："我注意到你总是赞成我的观点，总的来说，你相当顺从我。当然，有时你并不觉得与我的观点那么一致。"此类评论会特别引起患者的自我审视，尽管其防御体系受到挑战，但是并未感到有太大的威胁。他/她可能由此联想到一贯具有的奉承模式，而治疗师就可以与患者一起探讨其奉承态度可能掩盖着什么。

相反，如果治疗师试图以诸如此类的解释来"单刀直入"患者的防御结构："我认为，你实际上对我抱有敌意"或者"也许在讨好的表面之下，你对我害怕得要死"，大多数患者就会发现这种解释离他们的意识体验相差太远，以至于他们体会不到这种感觉，或者感到无处藏身及受到太大的威胁，以至于无法进一步配合治疗。这表明解释是正确的，当然，也表明了操之过急。事实上，由表及里、谨慎进行的传统理由之一就是，在对各种防御功能作出假设时，治疗师可能大错特错；而且，在任何可能的情况下，治疗师应该让患者能自由接受或拒绝自己的解释，并确信患者能意识和体验到正在讨论的内容。

另一个说明由表及里的比较合适的例子，是具有强迫症特征的患者，其临床表现是极度的理智化与合作态度，以此掩盖其喜好争辩及吹毛求疵的态度，后者则防御着一种深深的羞耻感。治疗师通常并不一开始就涉及羞耻感而是谈论此人的理智化倾向。对这个问题的剖析会导向患者攻击性的人格成分。尽管患者为自己的敌对态度被揭示而不快，但当他/她渐渐感到被治疗师所理解并接受时，敌意最终会软化，而允许羞耻暴露出来。如果治疗师不一层一层地审视防御机制而试图直接碰触羞耻，他将可能令患者感到羞辱，或者使患者通过理智化倾向而对治疗师的解释置若罔闻。

由表及里的解释几乎总是最佳的选择，而且无论是否受过精神分析性心理学的训练，多数治疗师都能极自然地、凭直觉地这样做。"从患者所处的位置开始"及"直到患者具有某种替代物才干涉其防御机制"是资深督导每天都要告诫学生的事情。但是，某些类型的防御模式却要求治疗师采用更猛烈的深水炸弹策略。特别地，轻躁狂和偏执狂患者都需要治疗师"单刀直入"，而不是顺着防御阶层步步为营。

"轻躁狂"或"躁郁"是对人格模式打上的精神病理标签，否认是其一线防御机制。轻躁狂者常常在情绪上很"高涨"，也许拥有朋友聚会所需要的所有热情、魅力、智慧和精力。然而，既往史证明，他们极难与人发展亲密与真诚关系，而一旦他们开始感到人际关系对其很重要时，他们可能会立即逃之夭夭。任何时候，只要否认这一防御机制失效，他们就易突然跌入抑郁，并暴露出他对丧失、脆弱、死亡及其他令人不快的生活事实感到痛苦万分，而对此我们一般不会如此害怕面对。他们特意求治以摆脱抑郁困扰，且毋庸置疑，一旦他们的情绪再次高涨，就会马上脱离治疗。治疗中访谈者经常被他们吸引，并且会略感意外：这样一个热情而奔放的人，怎么可能会周而复始地身陷绝望？

轻躁狂者是否认方面的行家。因为否认是一种如此刻板的、全或无的防御机制，所以，无法用对其他患者有效的、由表及里的方式来和风细雨地进行干预。物质滥用是一种众人皆知的、常与否认纠缠在一起的状态，任何一个有过与这类人打交道经历的人都知道，有时需要让患者表现出否认防御机制来认清否认的特性。治疗师永远不会对运用奉承防御机制的患者说："你在试图讨好我。不要这样做了！"但却可能，尤其在患者具有自毁行为的情况下，叫道："你在否认。现实点吧！"比这更少攻击性的话语——例如像这样巧妙地询问："你是否担心你的酗酒行为可能会失控？"——都会特别诱发更多的否认。

对于轻躁狂患者，他们否认的性格本质（与成瘾患者的机理不同）要求治疗师找到创造性的方法来说明它，而不能对它进行全面的正面攻击，这只会弄巧成拙。临床经验表明，直接进入深层次——略过表面，忽视否认层次——经常是最佳选择。例如,一位在治疗师即将休假前表现伤人和自毁行为的女躁郁症患者可被告知:"你也许并没有意识到,但我确信,你对我即将休假感到非常焦虑不安,因为你在潜意识里担心我将一去不返。"这种干预可能被接受,也可能遭拒绝,但是,它会打动患者。相反,如果治疗师以由表及里的方式询问,"我猜想,你近来突然酗酒并结交不同的男友是否和我即将休假有关。"患者最可能以否认来应答,而这样就使谈话很难维续。

偏执型患者也要求治疗师忽略其防御机制,而深入探究被防御的是什么,但是这样做的原因与以上患者略有差异。偏执型患者在无意识水平状态中格外担心自己的强大具有危险性。他们运用诸如否认、反向形成和投射之类刻板而原始的防御机制,来处理内心具有威胁性的邪恶内容,这样可使他们感觉这种威胁来自外界。他们需要治疗师透过防御,单刀直入引起防御的情绪及需求,这样单刀直入至少有以下两个理由:(1)他们需要视治疗师为坚强而聪明的,否则,他们在无意识中会担心自己将以邪恶力量伤害他/她;(2)他们表述清楚的东西,其实是对一种简单的情感已经进行了无数次的转换,以至于由表及里的方法永远也不会打探到他们基本的核心。

为了阐明第二点,我想以那位女偏执型患者为例,该患者毫无根据地确信她的丈夫与其他女人有染,因而向治疗师表达自己按捺不住的狂怒。治疗师可以看出,这种情绪困扰其实只是始于她的孤独感及想亲近女性朋友的愿望。然而,这种情绪却接连通过几种刻板的防御机制而被转换得面目全非:"既然我很邪恶,我想从女人那儿得到爱可能正好反映了我的堕落。这种需要如此强烈,以至于我感到是一种色欲。那是不能接受的。也许正是她将这些同性恋想法塞进我脑子里的。她才是邪恶的,而不是我。而且,并不是我对她有欲望——是我的丈夫。"

因此,通过否认、反向形成、投射及移置,一种简单的需要被转换成了妄想型偏见。试图由表及里进行治疗的治疗师("对于你丈夫有外遇的念头,你想到了什么?")只会引发更多的妄想内容。但是,通过以下这类的话语"我想,你最近一直感觉很孤独,因此,很自然地,你担心你所依赖的人是否忠诚"，治疗师也许能与该妇女保持接触。这可导致医患以某种解决问题的方式讨论孤独的普遍性及患者寻找朋友时可供选择的方法。另一种单刀直入的干预方法是："我有一种强烈的感觉，你在无意识中确信，自己具有某种可怕而危险的东西。也许，你非理性地推断，丈夫既已看透了你的邪恶，自然会排斥你而去找别人。"一个偏执型患者可能会对这一观点感兴趣，而且，她和治疗师都能从其防御所造成的偏执及妄想内容中得到一点解脱。

小　结

在本章，我对防御的精神分析观点作了一些引导性评述，强调：理解人们试图保护自己免受痛苦而采用的内在的、主观的、自发的防御方式具有重要的临床意义。我试图帮助读者区分性格性防御反应与特定应激引起的防御反应间的差异，并说明这种区分所具有的临床意义。在一个人的防御机制已经明朗化以至于可以合理地视他/她为具有人格障碍的示例中，我提到了这种观察对长期和短期治疗分别具有的技术意义。最后，我提到了"由表及里"地暴露防御机制的惯常做法并不适用的情况。

正如瓦尔勒特和姆可拉夫所说（1998，p.154），当我们感到被理解时，我们都表现出更成熟的动力学特征。理解一个人如何防御痛苦情感，对于了解他/她的整体心理至关重要。学会如何表达你的理解而使那些具有防御的患者不至于排斥或曲解你的解释，是心理治疗艺术所必不可少的艺术修养。

第 六 章
情感的评估

精神分析理论有一段复杂的发展历史,临床实践和基础理论之间并不总是完全一致的。就像和他同时代的两位行为主义者华生和胡尔(Hull)一样,弗洛伊德试图说明他理论的中心思想是:人的心理是本能驱力的冲突和满足的结果(德文 trieb,意为以生物体先天需要为基础的强烈行为)。萨洛维(Sulloway,1979)令人信服地指出,弗洛伊德作为科学家的自我意象也对他解释自己的理论具有影响:在他的时代,就像现在一样,人格理论家有理由担心,自己将被"自然科学"——如物理学和神经解剖学——的同道认为不够严谨和不够科学。也许缘于弗洛伊德的医学专业背景,对他来说,确立"精神分析"在生物科学中的地位相当重要,因此,在19世纪后期,内驱力理论充斥整个生物学界。虽然我同意斯贝扎诺(Spezzano,1993)的观点,他认为,事实上弗洛伊德确实有关于情感的理论;然而,它基本是衍生来的,衍生于他的本能冲动及其变迁的理论。

自弗洛伊德以来,有无数学者以各种各样的理由,为精神分析根植于生物本能这样一种结果而深表遗憾。其中,主观理论家(Stolorow & Atwood,1992)、关系分析家(Greenberg & Mitchell,1983)、自体心理学家(Kohut,1971)和女权主义作家(Benjamin,1988)认为,如果我们想理解个体心理并且从中得出治疗原则，那么人类的生物本能状态不是最佳的起点。然而，我们中的大多数人对以下观点有一共识，即"本我"或者相冲突的需要、渴望和冲动的紧张状态，以及内在的推动力都趋向某种机体的释放。弗洛伊德认为性和攻击的发展趋势是从口欲期、肛欲期到生殖器期，这一观点对几代精神分析思想家都很有吸引力，也许部分是由于他说出了我们朦胧能感到的东西，我们意识到我们被强有力的、大多是无意识的力量所驱使。如果不是内驱力使我们意识到自己被驱使，那又是什么呢？

西尔万·汤姆金斯（1962，1963，1991）是第一位研究情感的富有理念的思想家，他认为驱使我们的是情感。许多后弗洛伊德治疗师和学者们同意这一观点（Izard，1971，1979；Rosenblatt，1985；Greenberg & Safran，1987；Nathanson，1990；Spezzano，1993），并且他们基于情感构建了理论或提供了观察资料，这些理论与弗洛伊德的本能模式和更当代的注重认知和行为的理论齐驾并驱。最近几十年来，大多数治疗师都很清楚，在尽力理解欲望和恐惧的过程中——所谓理解人类个体，其实很大一部分就是理解那人最深层次的渴望和与之有关的焦虑——通过评估某人的情感世界，而非打探此人在幼年的哪个阶段生物本能受到了挫折或得到了过分的满足，他们可以对此人有更多的了解。

研究汤姆金斯的理论时，他智慧的、经验支持的案例给我留下了深刻的印象，他提出：人具有九种先天的或"硬件"的情感（Nathanson，1992）：兴趣－兴奋、激动－快乐、惊奇－震惊、害怕－恐惧、悲伤－痛苦、生气－愤怒、害羞－羞愧、嫌弃（蔑视）、厌恶和羞耻－羞辱。然而在本章，我使用"情感"这个术语时，其涵义稍微宽泛些，指被唤醒的任何情绪状态和程度，我们知道它是一种不连续的情感体验。因此，我将包括以下这些不同的情感现象，例如爱、恨、嫉妒、感激、厌烦、困扰、怨恨、内疚、骄傲、懊悔、希望、失望、恼怒、温柔、仇恨、遗憾、嘲笑、感动和其他情感状况。

精神分析理论已有所进展，它的贡献者对于正常发育过程和心理治疗中所发生的情感活动已倾注了深层的理解。例如，情感整合的能力

(Socarides & Stolorow，1984-1985)被看做一种成熟的结果：在最理想的环境中，个人逐渐获得一种感觉，即他是一个完整的个体，具有多种情感，但没有一种会威胁到自我整体性。基于实验观察，而非主观地从成人异常心理向儿童期反向推理（见第四章），情感成熟的"时段"理论（Stern，1985；Pine，1990）在很大程度上替代了性心理发育阶段"固着"理论，后者认为"固着"源于生物本能受到挫折或得到过分满足。感受情感和调控情感的能力成了分析理论的主题，这一主题也影响了有关心理发展和大脑生理学的实验性研究，并且导致近来涌现出许多关于情感控制和心理治疗方面的文章（Pally，1998；Silverman，1998）。

每个人的情感唤醒类型都是特异性的。当患者谈论最近的事情或者与个人隐私无关的其他话题时，汤姆金斯对他/她进行观察，注意其重复出现的面部表情和与之相关的谈话主题，可以非常精确地推断其独特人格的主要特征。我猜想，我们中的大多数人一直无意识地这样做，我们可能较少预测能力，不像汤姆金斯所展示的那样，但是我们能感觉到：了解情感与特定事件之间的联系是理解某人性格的关键。（汤姆金斯甚至擅长于盲法预测某人的政见。通过观看录像，观察人们脸上的负性情感是痛苦和厌恶还是愤怒和蔑视，汤姆金斯可以说出此人是自由党还是保守党。他对这种猜测的解释很有道理，而且他通常是对的。）关于这一点，肯伯格（1997）已提出，治疗师理解患者至少有三个"途径"：(1) 言语交流、(2) 肢体语言、(3) 情感传递，这种传递大部分通过面部表情和音调来完成。

斯贝扎诺（1993）有个令人信服的观点：了解个人特征最佳的途径是"治疗师应成为患者情感的容器和调节者……使患者在已经拥有和可能拥有的情感生活中找到一种平衡，并能够表达：如何才能维持最大的幸福感，以及如何才能最大程度地回避情感痛苦"（p.183）。这是以另一种方式谈论人们如何建立个人的防御机制，以回避诸如悲伤、愤怒、害怕、羞愧、嫉妒、内疚和悲痛之类的痛苦情感。为了理解某人，我们不仅需要了解他/她的防御机制，还要了解那些被防御机制压抑的情感以及那些自身具有防御功能的情感。没有什么预先设置好的访谈问题一定可以引出他／她的情感类型，但对这个领域进行评估并不难。通常，我们凭主观去评估情感：假设情绪是有感染性的，那么，观察我们自己设身处地理解对方时所产生的情感反应，就不难洞察对方的情感活动了。

移情／反移情中的情感

对治疗师来说，关注情感根本不需要刻意选择。因为患者能使我们的诊室充斥他们的情绪氛围；他们感动着我们，鼓舞着我们，使我们受挫，使我们泄气，激怒着我们，困扰着我们，愉悦着我们，使我们高兴，使我们诧异。我们从他们身上了解到一些我们具有但从未知晓的情感，了解到一些对我们可能微不足道但对他们却十分重要的情感。作为精神分析特征的反移情，能使临床医生很难回避的东西变得清晰。患者把他们的情绪带给治疗师；最温和大度的治疗师，一旦遭到典型的妄想狂的诽谤，也难免会变成狂怒的抱怨者。患者使他们的治疗师陷入冲突，与他们自己一直经历的冲突极为相似，并且他们冷眼旁观，看治疗师能否以身作则找到解决的方法。莱克（Racker，1968）把反移情区分为协调的（"我感受到患者感觉自己像小孩"）和互补的（"我感受到患者的童年看护者所感受到的情感"），这就使得治疗师能把他们的投情扩展到甚至是最烦人的患者的情感体验中去。

常常，正是治疗师对自己情感的评估使他们作出关键的诊断性推断。例如，区分患者是抑郁，还是自我贬低人格——此为对治疗具有重要意义的区分（McWilliams，1994）——治疗师就会提高警觉，注意患者对批评有无受虐倾向，而不仅仅对其遭受痛苦表示同情。而之所以意识到患者可能患有精神疾病，可能是因为治疗师注意到他／她在信口雌黄或自命不凡。通过注意到患者经常会对充满焦虑的妄想文过饰非，治疗师也许就能判断表面的抑郁状态实际上掩饰着偏执狂这一核心问题。我们现已知道，小孩子在学会讲话之前就能与他们的看护者进行极为可靠、有效的非言语情感交流（Stern，1985；Beebe & Lachmann，1988）。成年人在交流时，也会应用那些婴儿期的能力表达自己的情感。他/她用语言表达痛苦情感的效果越差，非言语交流能力可能就越强。因此，弗洛伊德等早期治疗师如此看重反移情并且赖其获得重要的信息，决不是偶然（Searles，1959），在那个时代，他们一般处理严重困扰的患者，而对这些人来说，普通的话语经常很难辞必达意。

有一次，我对一个十几岁的男孩进行访谈，他完全缺乏情感，访谈的大部分时间无法有效地碰触他的内心。理智上，我注意到，他好像在使用退缩和全能控制的防御机制。最后，他带着明显的兴奋，十分详尽地开始描述他经常折磨他家的猫。我个人的情感反应是几乎难以忍受的恐惧和害怕。在治疗结束前，他问我，他是否需要治疗，我说是的。"像我这样家境优越的男孩？"他开玩笑。"是的。"我回答，并且补充道，如果他不治疗，他长大成人后很容易变成一名杀人犯。"你是惟一理解我的人。"他非常真诚地说道。在治疗中，他除了表现出被扰乱的情绪反应外，什么也没有，而这表露了该男孩心理中虐待狂及反社会的程度。

这个案例以特别戏剧化的方式描述了大多数治疗师成功"得到"患者防御机制下的情感状态时的体验，借此，我想说明的是，正是通过交流的情感通道，我"理解"了这个男孩。当然，我可以从客观的资料得出他有反社会危险的假设：反社会行为的大量研究和观察可以证明，折磨动物和成人的虐待行为有关。但事实上，并非对这些研究的认可使我理解了这位患者；而是他的情感状态在我自己身上的反应指点了迷津。

我应该以一种告诫的口吻对这一部分作一总结。虽然，总的来说，我们的主要情感（Ekman，1971，1980；Tomkins，1982）表明治疗师具有经过严格训练的主观性，没有不适当的防御反应（对于那些经过"良好自我分析"的人来说，理论上确实如此），他们能审视自己内心的情感生活，从而对患者呈现出的任何情感状态产生共鸣。但我们也有局限性。我们和患者在一起时，被激发出来的情感并不总是协调、互补的。治疗师必须记住：我们完全有可能误解，仅仅因为有些情感无法与我们自己的主观体验产生共鸣。

一个非临床、但极恰当的例子：我有一个朋友，她经常答应周一给我打电话，却总是让我等到周三或周四，这令我很恼火。不仅如此，当打电话给我时，她还对我的恼怒感到困惑，一副很天真的样子。她解释，在她答应打电话的时间里，她有如此之多的事情要做，以至于她早把承诺抛到九霄云外了。她的爽约使我很生气，而且我体验到自己之所以产生反应性愤怒，可能是因为感到她的行为有些敌对和回避，我猜想她的爽约在表达对我和我们间友谊的负面情感。

直到我听了一个有关成年人注意力缺失障碍（ADD）的讲座（Goldberg，1998），我才认识到，我的理解是错误的。（这个讲座名为"迟到可能不总是阻抗"。）我记得我的朋友告诉过我，她曾因记忆和组织生活有困难而寻求过心理咨询，一位精神病学家诊断她为ADD。我自己具有很好的组织能力，很难有此体验而理解她的行为，因此我不能从自身找到足够理解精神涣散的体验，不能对她的心理产生投情。给她的行为下了正确的"诊断"后，现在，当她说将在某天给我打电话时，即使她的电话迟到了几天，我也可以接受了。我想她肯定感觉轻松了，因为我不再质问她是否还想保持友谊。通过理解她的ADD，我现在能够化解我的敌对情绪。也许，她也感到我更能理解她了。

如果因为某人表现某种情感，我们就断定他/她（有意识或无意识）有某种意思，这可能是一种错误的投射。就像我在第四章中已阐释过的，人们经常能看到这类自我中心的错误推论：我感到低人一等，因为我被解雇了，我认为老板的动机是要羞辱我；我感到性兴奋，我认为对方正在试着勾引我；我感到挫败，我失去了我的爱人，我认为他想伤害我；我害怕有权势的上级，我认为她对我构成了威胁。以上这些归因类型和治疗师利用自己对患者的情感反应相比，其主要区别在于：如何看待个人的情感。督导/会诊是一种治疗师获得继续教育比较流行的方式，在此，治疗师可以认识自己过于个人化的情绪，并获得督导的帮助。例如，"我觉得被贬低了"可以很容易转换为"我不是个很好的治疗师"。正所谓旁观者清，督导和其他成员常常能观察并报告他们自己比较敏感的情感反应，而较少带有个人化色彩。

呈现问题时的情感状态

治疗师主要通过认知异常（例如妄想、强迫观念、创伤后插入性思维）、行为异常（例如、强迫性行为、性倒错、脾气暴躁）、感知觉异常（精神性疼痛、感觉缺失、幻觉、视野狭隘）、情感异常（抑郁和躁狂、焦虑和惊恐发作、恐怖症）来认识异常心理。当困扰的情感本身成了临床问题，治疗师需要了解它的起源及其意义。

有几种与情感困扰有关的异常心理通常被大多数研究者认为与遗传因素有关，主要指重性抑郁、躁狂、精神分裂症和强迫症。而且，在了解特定情绪状态的神经生物学基础方面以及改变大脑化学物质和解除情感痛苦的药物方面，都已取得重大的进展。从这些资料来看，也许我们会认为——并且这种态度得到了保险公司的强化，出于经济利益考虑，他们不支持心理治疗——对情感有问题的人，我们所要做的就是：给他们吃药。因此，抑郁症的绝望、躁狂症的欣快、精神分裂症妄想的恐怖、强迫观念和强迫冲动的焦虑，所有这些都被看做是附带的、症状性的，似乎并不值得研究。

然而，这不是简单的算术，即如果"病因"与遗传有关的，治疗就仅限于生物学。遗传易感素质仅仅是一种易感素质。不是每一个可能有严重抑郁的人最后都得了严重的抑郁症，就像不是每一个先天心脏状况不好的人都得了心脏病一样。如果精神分裂症的病因学仅仅是基因方面的，那么，在精神分裂症同卵双生子研究中（Rosenthal，1971；Gottesman & Shields，1982），只要双胞胎中有一个被发现患有这种精神病，另一个就应100%地患有同样的精神病。许多躯体疾病确实具有单一的遗传学病因，这是因为受染色体异常的遗传作用。而遗传易感性只代表受到某种刺激后更易得病（Zubin &

Spring，1977；Meehl，1990）。我们之所以没有陷入抑郁，仅仅是因为致病基因突然烟消云散了吗？我们之所以陷入抑郁，是因为事件恰巧超过了我们的应对能力，从而容易激活我们潜在的、可能引发心境恶劣的因素。即使没有遗传的易感素质，生活也能使我们陷入抑郁。当然，具有易感基因，我们可能更容易陷入严重的抑郁（或躁狂，或强迫），更容易遭受继之而来的情绪困扰。无论是哪一种情况，我们都需要了解，究竟是什么促使我们的潜能受到了压制。

心理问题具有神经生化机制，因而需要药物治疗，但同时也还需要心理治疗。他们需要心理治疗，是为了能体验到被关怀，以增强持续服药的动机（Frank，Kupfer，& Siegel，1995）。在精神病理状态得到较好控制后，他们需要通过心理治疗，以帮助其更有效地应对生活压力。他们也需要通过心理治疗来缓解由于药物依赖而产生的不良情绪。他们还需要通过心理治疗来解决某些因激活易感素质而将他们推向崩溃边缘的问题。有时，他们需要心理治疗，是因为他们感到疑惑：既然药物治疗已调节了他们体内的"递质失衡"，为什么仍会感到如此痛苦。我向治疗服药患者的临床医生大力推荐亨利·平斯克（Henry Pinsker，1997）关于支持性心理治疗的著作。平斯克在识别情感、减少焦虑、支持自尊、加强自我功能和提高适应性技巧等方面具有不同寻常的敏锐性。我还被吉特林（Gitlin，1996）文笔优美的临床指南所吸引，这本书对那些希望了解更多精神药理学知识的心理治疗师大有裨益。

我对这个领域知之甚少，我的临床经验证明，某些精神药物确实有效；然而，我必须指出：已有证据表明（Wachtel & Messer，1997），至少对一些非精神病性的抑郁症，单独心理治疗和精神药物治疗一样有效。也许，心理治疗过程引起的情感活动使神经递质恢复到了患病前的水平。大脑的化学物质影响情感体验，反之，情感体验也会影响大脑的化学物质。抑郁症之所以未经药物治疗也能康复，可能是因为存在某种机制，类似于沃罕（Vaughan，1997）所作的通俗易懂的解释：可能是心理治疗具有神经化学效应。对于现在所发现的情感的神经生物学和化学基础,我一点也不吃惊。非常有趣的是,至少在1926年,弗洛伊德就预见:"鉴于身、心因素最终会融为一体,我们可以期盼,终有一天,知识的大门将会打开,引领我们从有机的生物学和化学领域进入神经现象领域"(p.231)。我很感激那些能够帮助患者减轻痛苦的新药,然而,我感到困惑的是,近来为什么某些受经济利益驱动的团体总是借新药的问世来贬低"谈话疗法"。

评估情感的诊断意义

敏锐的案例分析,无论正式或非正式,总是包括情感的评估。除非引起了道德上的愤怒,否则,强迫症患者不会产生愤怒感;精神分裂症患者则害怕对真实的人产生脆弱的渴望;情绪不稳定的癔症患者、可怕的妄想狂、反复无常的边缘性人格障碍患者——几乎所有我们随意的诊断性观察都包含某种情感的评估(这种情况甚至在DSM-Ⅳ中也是如此,其中人格障碍的诊断标准经常包括情感成分)。在传统的精神病学检查中,"精神状况"这部分总是包含了对情感的观察:它们是否适当?淡漠的?肤浅的?克制的?患者能用语言来描述具体的情绪吗?或者他/她是否通过躯体痛苦来表达情绪?患者是用言语来感觉和表达情感的吗?或者他们是否付诸行动?对这些问题的回答不仅帮助我们对患者作出准确的描述;而且有助于我们制订治疗方案。以下是在评估情感时需要考虑的一些主要问题。

患者能区分情感和行为吗?

根据患者能否区分情感和行为,治疗师所采取的相应治疗会截然不同。有些人能够表达敌对幻想或者评论愤怒情绪,并且能从强有力的负面反应中解脱出来。另一些人则通过攻击别人而非言语表达来发泄愤怒。对第二种类型的人来说,情绪没有很好地与他们的行为区别开来。在我执业的早期，我曾经治疗过一个感觉极为气愤的五岁男孩，他妈妈刚刚生下第二个孩子。当他以敌对的语气谈及他刚出生的小弟弟时，我天真地以为，如果我清楚地表明我能感到他的强烈愤怒，从而令其宣泄出来，可能将对他有利。于是，我说："我打赌，有时你对那个婴儿非常生气，以至于你想把他扔到窗外去。"两天后，他的妈妈惊慌失措地打电话给我说，她发现她的儿子把他弟弟抱到二楼的走廊，想把他从栏杆上扔下去。对于一个以为强烈的情绪可以通过想象性行为来替代的儿童，如果施以确认和支持，无异于向他传递一个危险的信号，他会以为我允许其实施邪恶行为。

罗杰·布鲁克（1994）在讨论一个尽管具有明显异常、却并不适合任何DSM诊断标准的患者时，举了个类似的麻烦例子。患者显然没有能力体验愤怒情绪。他知道这是个问题，因为当他想起那些他理当感到愤怒的情境时，他却"脑子一片空白。"……经过二十次心理治疗，治疗师……解释，所谓的"脑子一片空白"，如同他的顺从习惯一样，都是回避愤怒的方式。然而，治疗师漏掉了一点，患者的问题不是针对客体对象的愤怒——即在具体情境中直接对特定对象的愤怒——而是比较原始的、模糊的愤怒。他的脸色变得苍白，在治疗的最后几分钟一直没言语。回到家后，他砸碎了一些家具，然后就去了酒吧，喝得酩酊大醉，找人打架，最后被警察拘留了（p.318）。

患者能用语言来描述情感体验吗？

某些意识不到情感体验的人会付诸行动，如同上面提到的患者一样；或者表现为疾病症状。根据患者能否感觉和识别情感，治疗师需区别对待。最初由奈米尔和希弗尼尔斯（Nemiah & Sifneos，1970；Nemiah，1978）描述、以后又经麦克道格尔（McDougall，1989）修订的"失语症"（"缺乏表达情感的语言"），即是这类情况最好的写照，这类患者不能回答诸如"你是如何感觉的？"之类的问题——任何曾与这类患者接触的临床医生都可以证实这一点。因此，如果治疗师试图帮助患者改变以躯体主诉代替情感表达的方式，他就必须首先理解麦克道格尔所称的"病态的、难以名状的痛苦和恐惧，如失去身份感的惊慌、精神破碎的痛苦、即将发疯的恐惧"(p.25)。

通常,与患者交流的第一步不应聚集在引起心身痛苦的情感上,而应集中于主诉所提及的痛苦本身(例如,"我甚至不能想象,大多数时间处于躯体疼痛中,会是一件多么压抑、多么绝望的事情呀")。在对躯体化患者进行初次访谈时,如果访谈者急于找到潜抑在躯体痛苦"下面的"情感,而花极少的时间对患者的躯体痛苦表示同情,躯体化患者就极有可能都会以为临床医生在指责自己无病呻吟,因为患者可能已经从一连串内科医生那儿听到过这类评论,他们断定患者在"胡说八道"。关键是,心理治疗师不应强化患者感到他人无视自己躯体痛苦的体验。

许多按惯例被诊断为强迫性人格的患者所表现出的情感淡漠如此严重,以至于人们不得不怀疑传统弗洛伊德观点很可能是错误的,因为它认为他们的情感只是被"压抑"了。也许我们最好将他们理解为从来没有学会如何表达和描述情感,而并非有什么内在的力量阻止某种特定情感进入意识层面(这种情况有时被称为"情感阻滞")。换句话说,他们并非在某种潜意识水平感觉到了什么而防御这种情感;而是,他们根本不知道自己感觉到了什么。因此,对这类患者,治疗师的工作不是去洞察他们的防御机制,找到被回避的情感,而是要慢慢教会他们如何用语言来表达那些没有组织好的体验(Stern, 1997)。另外,治疗师的反移情通常会令他感到,该患者在某种程度上"明白"感觉到了什么,但是由于焦虑、羞愧或其他的负性情感而将它排斥在治疗关系之外;或者此人根本不知道如何表达内心体验。前者会引起治疗师愤怒的、不耐烦的反移情,后者会造成治疗师的情绪混乱和不善言辞。换句话说,在第一种情况,治疗师感觉到一种迫切需要释放的情感(例如说,敌对);在第二种情况,治疗师感觉到不可名状的迷惘感。

患者如何防御性地使用情感?

一个相关的问题是,哪一种情感能保护人们不再感受到其他的情感状态。治疗师很容易将自己控制情感的类型投射到患者身上,把患者归因为类似的情感防御，并想当然地认为，对自己有用的方法也一定对他人有治疗作用。例如，大多数治疗师的人格都有点抑郁倾向。对他们来说，悲伤经常是有意识的；愤怒经常是无意识的。因此，对这类个体来说，认识到意识层面的不快情绪下掩藏着敌对和愤怒，那就有治疗作用。强调寻找攻击冲动的心理治疗理论对这类治疗师可能很有吸引力，他们可能对寻找、甚至激发敌对情绪的技术很感兴趣。如果治疗师有这种心理，并且用相应的治疗策略来治疗心理机制恰好相反的患者——例如，一个防御的、反依赖的男性患者比较容易意识到愤怒，但却防御性地意识不到悲伤和受伤这类更脆弱的情感——结果将是相当可怕的。

相关示例：史东斯尼（Stosney, 1995）有一个令人信服的观点，他认为，对夫妻一方的施虐者给予"愤怒控制训练"有误导作用。大量证据表明，施虐者的问题不是愤怒情绪控制不力，而是利用愤怒来防御被遗弃的恐惧，后者往往和羞愧、耻辱和内疚有关，因此，他创立了一套强调同情的、特异而有效的治疗策略。（我推测，认定虐待者的问题是要控制愤怒，反映了精神卫生专业人员对这一状况的投射。而这种投射，恰好说明我们没有适当地严格控制我们的愤怒。）愤怒远远不是必须暴露和控制的"核心"情感，对许多反复发作的施虐者来说，这种误导掩盖了施虐者深层的情感。施虐者通过投射和付诸行动来减轻他们的痛苦，他们抱怨无法忍受同伴的情感状态，于是对他们采取攻击行为。史东斯尼的工作为正确了解情感展示了一个关键的示例，具有重大的干预效果。

治疗师经常混淆情感的另一个相关领域是，治疗师通常相信反社会个体具有冲动性；这可能又是因为投射。尽管有大量的证据表明（Meloy, 1995），绝大多数心理变态者根本不具冲动性——实际上他们非常有心计，而且贪婪——然而，我们中的许多人仍然宁可相信，反社会攻击表明失控而非居心叵测。但是，激发贪婪、"卑鄙"心理的情感可能是愤怒，那并非不假思索而突然爆发的，相反，它是冷酷的、经处心积虑而爆发的狂怒。如果治疗师想使反社会人格者改变他们的行为，理解这一点是很重要的。

患者的痛苦更多的是出于羞愧，还是内疚？

羞愧和内疚这两种情感有一段有趣的历史，它们在精神分析作品中占有特殊的一席之地。两者也是经常为治疗师所投射和误解的情感（具有内疚支配心理的治疗师可能会把羞愧误解为内疚，而具有羞愧倾向的临床医生会把内疚当作羞愧）。当然，我们都同时具有这两种情感，只是每个人人格中都以其中一种为主。此外，每当我们遇到问题时，就可能诱发出内疚或羞愧。内疚包括内心邪恶力量、深深的毁灭和罪恶感。相比之下，羞愧则包括脆弱感、被批判及被蔑视的慢性危机感。正如弗索和玛森（Fossum & Mason，1986）的精辟概括，"内疚是打破道德规则时的内心体验，羞愧则是被社会贬低时的内心体验"（p.vii）。虽然并不能根据患者的痛苦程度来区分羞愧或内疚，因为这两种情感都使人倍受煎熬，但两者具有本质的不同，因此对它们采用的干预措施也应截然不同。

也许是由于弗洛伊德自己的动力学与内疚相关，因此他很少谈论羞愧，却对内疚作了无数的探索。到20世纪中叶，几位精神分析作者试图纠正这种失衡，最有名的要数海伦·梅瑞尔·林德（Helen Merrell Lynd, 1958）和海伦·布洛克·路易斯（Helen Block Lewis, 1971），她们写了大量关于羞愧及其变迁的著作。20世纪70年代，海因茨·科胡特和奥托·肯伯格（Otto Kernberg）在病理性自恋方面出版了许多书籍，揭开了精神分析大力研究与羞愧相关现象的序幕。到20世纪80年代［汤姆·沃尔夫（Tom Wolfe）的"我的时代"（Me Decade）——并不仅仅只有分析师关注自恋及其随处可见的羞愧补偿机制］，羞愧在理解特定心理状况中的地位已经确立（Lasch, 1984；Kets de Vries, 1989；Morrison, 1989；Nathanson, 1992）。

一种外显行为既可能是羞愧，也可能是内疚，而在这种情况下，治疗师理解哪一种情感占优是很关键的。在此，我们以病理性完美主义为例。许多人过分地追求完美，以至于他们对事情的结果从不满意，永远也结束不了他们的工作。若该行为受内疚驱动，则强迫性地力求每件事完美无缺实则表明，此人担忧其内心的破坏欲将失去控制而显露无遗。弗洛伊德关于强迫问题的著述着重强调了这种完美主义。弗洛伊德的强迫症患者长期担心他们的攻击冲动会突然爆发、会导致伤害、会把事情弄得一团糟。若完美主义受羞愧驱动，则强迫行为表明，此人害怕受到他人挑剔的审查，他担心的不是道德败坏而是担心自己徒有其名、败絮其内。洛兹斯坦（Rothstein，1980）所称的"对完美的自恋性追求"是指，患者力求表现出清白无瑕，这样就能掩盖自己的短处而避免别人的非议。

自然，多为羞愧倾向的患者不会从治疗师下意识的弗洛伊德式的猜测中得到帮助，因为这种猜测认为完美主义的祸根在于内疚。由于治疗师严重的误解，他们一厢情愿地假定患者害怕他们的攻击冲动将失去控制而显露出来，这种解释将导致治疗一败涂地。类似地，如果治疗师试着把重点放在患者担心他们欺骗本质将被发现这一点上，受内疚控制的完美主义者就不能从治疗师那儿感受到丝毫解脱。关于内疚和羞愧的论文甚多，我无法一一而足，但我希望我已经足够强调了诊断的要点，提醒临床访谈者注意这种情感评估维度的重要性。以下我将讨论在治疗师处理患者的情感生活时，准确理解其情感的重要性。

准确理解情感的治疗意义

在接受精神分析治疗的患者中，许多人都有这样的经历：他们的父母和看护者要么（1）忽视他们的情感；（2）对他们的情感进行负面评价（"你在自怨自艾"）；（3）以情感惩罚孩子（"我要让你为此而哭泣！"）；要么（4）对他们的情感进行错误的归因（例如，"你不是真的嫉妒——你其实爱你的妹妹！"）。只要对患者的情感表示欢迎和感兴趣，治疗师就可弥补第一种过失；不加评判地指出患者的情感可减轻第二种过失的影响；鼓励安全的情感表达有助于避免第三种情况；准确地识别情感则对防止第四种情况有益。

最有挑战性的矫正方法，也许是第四种。准确，可不总是轻易之事。治疗师自己的心理会给治疗中的投情设置无形的障碍。

为了阐明这一观点，让我简要介绍一位几年前我曾治疗过的患者。这是一位40岁的男性，在家里排行老三，他母亲特别渴望有个女儿，因此一直给他穿女孩子的衣服直到他约5岁，而且还不断跟他说：他不是个女孩，真令她失望。成年后，虽然心理上是异性恋，但他总是与女性保持距离，如果有女性在他周围，他就有种说不出的局促不安。他来治疗的目的是，希望治疗师帮助他亲近女性，并减轻其痛苦的孤独感。当我指出他对女性怀有无限的愤怒，并且再一次将愤怒移情到我身上，好像我就是那位认为他有不可弥补的缺陷而对他感到失望的母亲后，他似乎一下子就有所好转了。但是接下来，治疗却陷入了困境，即使我指出他的愤怒，似乎也无济于事。当我能够发现，对他来说更具驱动力的——也更困难的——情感是嫉妒时，治疗过程又出现了转机。他憎恨女性，因为只有她们才拥有使他能被母亲所接受的一切（Klein, 1957）。他没法享受性生活，因为性生活的和谐需要欣赏而非憎恨他所缺乏的性器官。我猜想，我并不是第一个要花一点时间才能看出男性身上这种动力学的女性治疗师，因为多数女性更能认同女性对男性权力的嫉妒，而不是相反的情形；要理解一位男性对女性的嫉妒对他如此重要且不可抗拒，需要我们的投情产生一个飞跃。

在第八章，我讨论了如何从性爱的移情去理解患者心理的不同方面。现在，让我讲一个我经常遇到的经历，那是在我的一个督导/咨询小组中，一位男性治疗师报告他的女患者对他充满了欲望，并要求他成为她的情人。他对她也有爱、温柔、性吸引的感觉，但他们同时也很苦恼和愤怒，因为她使他没法继续工作——即做一名治疗师，并帮助她解决问题。他希望我和同行就这个案例对他进行督导，因为尽管他反复解释遵守职业界限的重要性，但患者就是充耳不闻，而他又不知道用什么方法拒绝她才不致对她造成伤害。他竭力不让她感到他在拒绝她和她的性；同时，他又努力使自己不受诱惑，尽管事实上她已经成功地吸引了他。

通常，在这种案例报告中，小组中的其他治疗师发现自己并未被患者所吸引，也没有想保护她的感觉，而是被她所激怒（并且还常被报告者所激怒）。他们的情感反应明显缺乏那位治疗师所描述的那种温柔、热切的感觉。这说明，小组成员感觉到了那位治疗师未察觉到的某种交互情感，我们可以假设患者的情感不全是、甚至不主要是爱；而是大量的敌意，这在她暗暗使治疗师丧失作用的努力中可以看出来（其实，治疗师对她使自己不能正常工作已经感到苦恼）。一旦治疗师能认识到这一点，他通常就能帮助患者找到与她的爱和渴望相伴的负性情感。而若患者了解了自己的敌意，了解自己希望通过性的力量来消除治疗师对她的作用（用弗洛伊德的话来说，即象征性地阉割了他），那么，她就会感到自己更坦诚，更理解自己；这种认识还使她可能找到积极的方式利用她的敌对和抱负，并使治疗回到理解她、现实地解决她的生活问题这个任务上来。

情感分类的准确可促进情感和社会的成熟。几十年前，凯瑟琳·布里奇斯（Katherine Bridges，1931）详细描述了婴儿区分和表达自己情感的能力的正常发展。她观察到，婴儿最初的情感意识，即最早意识到的情感不是总体满意，就是总体忧伤。随着成长，他/她渐渐能从总体忧伤中区分愤怒、恐惧和悲伤，并能意识到每种情绪的不同程度和性质（例如，怒气细分为激怒、恼怒、暴怒、狂怒，还有其他细微差别；满意可细分为兴趣、激动、快乐、惊喜，还有其他积极的状态）。按常理，这种区分和归类情感状态的能力在人的一生中是不断提高的，正如我们能越来越准确地向自己和他人表达我们的情感一样。准确展示自己而带来的快乐可以增加我们的自尊感和胜任感，哪怕展示的情感是痛苦的。这种现象被我的一位同事形象地称为"情感瘾君子"。她告诉我，她宁愿承受任何感情，也不愿感到麻木、困惑、若即若离和理智古板。史蒂芬·桑德海姆（Stephen Sondheim）那首出自音乐剧《伙伴》（Company）中的歌"活着"（Being Alive）就完美地诠释了这种心理状态。

由于许多来寻求心理治疗的患者很少从他们的童年看护者那儿学到准

确的情感分辨能力，因此，他们经常比我们多数人退回更早的情感分化阶段。有些人甚至不能识别、接受最根本的情感状态。一些理论家，如罗杰斯（1951）、科胡特（1971，1977）、米勒（Miller，1975），均强调治疗对患者情感状态的镜像作用，这暗示着人类了解、识别和证实情感的需要是多么广泛。任何治疗的治愈过程都有一个重要的部分，即治疗师通过准确识别情感，来帮助培养患者对复杂而困难的情感唤醒状态的控制感。

当治疗师在识别情感时，他们经常根据弗洛伊德的意识层次模型，假设他们正在"揭开"的是早已存在的情感，只是通过一层或更多层的防御，患者无法意识到这些情感而已。目前对情感及情感交流的研究表明，这可能是有道理的，而且当我们用言语来描述患者的情感时，常常含蓄地建议他/她将当前情感转变为我们认为更自然、更成熟、更适应的方式。例如，我们经常遇到受虐待或只是有困难的患者，而该患者对于他的处境意识不到愤怒。治疗师会问："当你的伴侣用那种方式批评你时，你有何感觉？"如果患者顾左右而言他，治疗师就会流露出怀疑的目光。或者治疗师会说："当我增加治疗费用时，你肯定至少有点生气吧。"此时，患者常常会矢口否认，并表示被曲解。治疗师应该把患者的这种抗议看做是对增加费用所自然产生的愤怒的防御。

治疗师帮助患者识别他/她已经感觉到却无力承认或表达的情感，这种交互作用特别具有建设性意义。例如，有时患者公然表现出敌对行为，却否认存在负性情绪，在这种情况下，上述建设性作用使治疗过程更有意义。但在其他时候，患者确实缺乏治疗师所认为的自然的情感反应。此时，如果治疗师建议患者不管报告什么刺激都同时说出伴随的情感反应，实际上是使患者能以一种全新的方式来组织他/她的体验。这对失语症患者确实有效，而对其他那些从未想过以不同方式感觉事物的人，也同样适用。

我有一个患者，她自己就是治疗师，当督导向她示以性爱后，她就沉浸在内疚中。她感到自己无意识中具有性诱惑，也许她是对的。当我问她，假如不考虑她的性诱惑，对于她的督导利用自己的地位来达到性的目的，她是否感到愤怒？她能够对他表示（或产生？）足够的敌意以抵消令她不安的内疚感吗？她现在能够利用内在的敌对力量来理解目前应如何与那位督导相处。我不认为我"揭开"了她的愤怒。相反，我认为，我只是给她灌输了这种观念：愤怒是一种合情合理的情感反应。精神分析师不喜欢主动地给出建议或者进行教育，但在情感领域，我们可以做的比我们所认识到的要更多。

情感是促进因素。通过一种情感与一种经历的结合，我们经常会找到解决以前似乎无望解决的问题的情感资源。这个过程既能发生在一个社会中，也能发生在个体身上。行政领导最乐意把紧急事件与情感反应（激动、骄傲、恐惧、愤怒）联系在一起，因为这些情感将激励人们实现社会目标。20世纪70年代早期的女权运动就是由简·奥雷利（Jane O'Reilly, 1972）的文章所引发的，该文点燃了以前逆来顺受的妇女们心中的怒火，使她们对过去忍气吞声的事情爆发出理性的愤怒。

情感如果得到适当的表达和理解，也有助于实现成长的目标。这种功能的最好例证就是哀伤的作用。在正常的哀伤过程中，天性会赋予我们一种能力，对生活中不可避免的失望趋向情感的平和。象征性地告别以前的生活阶段，意识到自己在每一次丧失中的局限性，以及不能拥有一切的事实，都有利于成长。如果要避免退行或者心理僵化，那我们就需要完成哀伤的过程［这是朱迪斯·维奥斯特（Judith Viorst）[1986] 在《必要的丧失》(*Necessary Losses*) 一书中雄辩阐述的精神分析流行观点］。弗洛伊德最先指出这种功能的重要性，奇怪的是，以后他并没有系统地展开他对这个问题的看法。1917年，基于阿伯拉罕（Abraham, 1911）对抑郁的研究，弗洛伊德撰写了惊世之作《哀伤和忧郁》(*Mourning and Melancholia*)，在书中他指出，除了其他因素，哀伤和忧郁是相反的：当人以哀伤面对丧失时，世界因哀伤的存在而显得更有意义；当人以忧郁面对丧失时，自我感将逐渐消失，世界将为之黯然。许多被我们称为心理治疗的方法都蕴含着将忧郁转换为哀伤的理念，以使当事人可以经历哀伤，不断成长。

弗洛伊德情感理论的中心是焦虑，而非悲伤。由于弗洛伊德自己不具有对抑郁的特别敏感性，他自然潜心关注于对他的经历来说更有兴趣的焦虑情感（Stolorow & Atwood，1979，1992）。他对"传统的"神经症（癔症、强迫症和惊恐发作）的兴趣也使他倾向于重视焦虑以及焦虑的抑制和缓解，因为他认为焦虑对那些障碍来说更主要。他的病因学假设和建议都有赖于一种猜想，即焦虑是核心的致病情感。相反，大多数当代的治疗师不断感到，其他负性情感——特别是悲伤、内疚、羞愧和嫉妒——无论在症状形成，还是在治疗干预方面，都具有重要的意义。

关于悲伤也有一些研究，例如，斯达克（Stark，1994）用哀伤的体验解释了很多异常心理。这种解释特别适用于人格障碍患者。相应地，她认为心理治疗基本上是一个哀伤的过程，在这个过程中，富有同情心的治疗师帮助患者面对痛苦的现实，以往却认为，这些痛苦现实表明患者具有个人缺陷。正如我在第一章论及的，斯达克观察到，治疗的头几个月或头几年通常用来帮助患者不断认识：他们问题的责任不在自己。接着，在随后的几个月或几年中，患者开始认识到：尽管他们问题的责任不在自己，却只有他才能使问题有所改变。这种对痛苦现实的不断认识包括放弃和哀伤他们所有的幻想，如认为有一些无所不能的好的客体（可能是治疗师）将会帮他们解决问题。我们都经历过这种过程，在最理想的发展中，我们直面生活的不公，开始学会依靠自己的能力解决生活中不可避免的问题。

小 结

在本章，我对精神分析理论和临床实践关注情感的传统作了一些评论。接着，我讨论，在临床相关的移情和反移情中，治疗师如何评估情感，并且时刻铭记：自己不能肯定受过训练的主观感觉总是能够反映患者真实的情感状态。对于被称为情感障碍的异常心理，我认为，即使药物治疗能改善情绪，心理治疗也是需要的。为了说明如何理解患者的情感生活，我重点阐述了区别情感和行为的能力、用语言表达情感状态的能力、情感的防御性使用、羞愧和内疚的区分。最后，我讨论了理解情感工作方式的治疗意义，不仅在具体情景和个案中，而且在普遍情况下，应把心理治疗理解为一种哀伤的过程。

第七章
认同的评估

　　无须具备高深的心理知识，人们都知道，每个人的主要心理都与他/她所敬爱或崇拜的某人有关。在初始访谈时，患者总是喜欢与治疗师谈论他们周围的一些人。这些人要么与患者很相像，要么是他们想竭力效仿的对象，或者是他们绝不追随的人。常规的描述性诊断的主要局限性之一在于，同样的客观行为也许有着截然不同的心理含义，这取决于个体的行为在意识或潜意识层面来源于他/她生活中的哪一个人物。

　　个体的行为与态度都不可避免地受到认同的影响，而认同的内容可能变幻多端。一位经常苛责他人及吹毛求疵的妇女，也许在潜意识层面试图效仿她深爱的、具有强烈控制欲的祖母。或者，她也许想再次确认，自己不像母亲那样被动、被忽视、忍气吞声，或者两者兼而有之。一个对情绪激动的事态异常冷峻的男子，也许是认同他过分理智化的父亲，或者是与机智的高中老师认同，而这位高中老师与他纠缠于无足轻重小事的父亲截然不同。或者，也许他有弟弟妹妹，这些弟妹们的多情善感被认为是孩子气，因而他坚决与之势不两立。或者，他的母亲是个感情丰富的人，他需要与此相悖来确认自己男性的角色。为了取得满意的治疗效果，治疗师需要了解患者的态度及行为背后的认同含义。

通常在访谈的早期，治疗师会向患者了解一些有关其母亲、父亲或主要看护者的情况，如：他们是否还健在？他们有多大年纪？他们现在或过去的职业是什么？他们各自的人格特点是怎样的？他们是如何充任父母角色的？如果已去世，他们是何时、何故身亡的？有时候，治疗师可以通过询问这些问题了解到许多信息，如患者与谁相像以及在哪方面与他相像。同样重要的是，询问患者在其成长的过程中是否受到其他重要的人或事的影响。有时会发现患者与某位老师、宗教人士、学校咨询师、治疗师或某位朋友认同，因为此人对患者产生很大的影响。通常人们会意识到自己认同的许多方面。然而，个体内化了的、不同层面的信息也许很难被意识到，也很难用语言表达。

移情反应所提示的认同

在临床心理治疗中，若要识别一个人主要的认同，最快捷的方法是把握移情的整体基调。有时认同的呈现是隐晦的。譬如，与一个自小家庭养育良好的患者交流之所以洋溢着良好气氛，那是因为他已内化了其父母宽宏大量的本质，并渗透到治疗情境中。或者，认同同样是隐晦的，但令治疗师感到不快，移情的基调使治疗师隐约感到被贬低。也许是因为患者过多地询问有关治疗师的受教育背景，因此使得治疗师猜测患者与某位怀疑论者或不易信任他人的人认同。

有时，最初的移情很奇怪，也很明显。我的一位同事最近报告了一个案例，一名妇女在接受我的这位同事治疗前曾看过好几位治疗师，试图解决控制愤怒的问题。她说，以前所有的治疗师主要是不能充分地理解她，因而治疗无法继续。她担心，我的同事也会同样令她感到失望。由于她对被误解非常敏感，我的同事一开始就尽量斟字酌句，但是在第一次访谈结束时，他说道："通常，经两三次访谈我就可以对患者形成一个初步的理解。但对你，也许我需要稍微多一点时间，因为你的心理相当复杂。"这位妇女即勃然大怒，她认为，所谓的"复杂"，其实就是说她是"疯子"。（从这可以看到一个常见的现象，即准确的知觉与曲解的混合——她准确无误地感觉到治疗师认为她的问题很严重——但同时曲解治疗师在批评她或贬低她。）因此，治疗师很自然地推断出，这位妇女至少内化了一位十分苛责的权威人士。

有时人们完全没有意识到自己与早年的客体十分相像。我接诊的一位妇女在第一次访谈的大部分时间里，不断地抱怨其母亲的专横跋扈及不可理喻的凶蛮态度。我对她的处境十分同情，因为她的母亲是这样的难以取悦。我们似乎已建立了很好的关系，我对她的反移情是充满温情的。但就在她准备离开我的办公室时，她十分惊愕地看着悬挂在墙上的图画，然后将这些图画一一扶正，并说："现在你不必为你办公室的景象而感到难堪了。"

认同、合并、内射以及主体间关系的影响

弗洛伊德提及两种认同的过程，一种是早期的、较少冲突性的、对爱的客体的情感依附（anaclitic：源自希腊语"依靠"，意指直接地依赖），一种是发生在稍晚的过程，最终被称为"与攻击者认同"（A. Freud）。前者多半产生于良好处境，在这样的处境中，婴幼儿——成年人亦如此，但与之相比，这些过程对孩子人格形成的影响更显著，也更重要——喜欢看护者，并想具备这位看护者令人喜欢的特质。当一个男孩说："我想像我妈妈那样，因为她很可爱。"他是在表达一种情感依附的认同。相反，与攻击者认同，则发生在不愉快的或创伤性情境中，并成为对恐惧及无能感的一种防御。这更多是自发形成的，而较少主动地效仿。但如果真能描述这一过程，那将会是："母亲令我害怕，要想控制这种恐惧，我只有幻想自己是母亲，而不是胆战心惊的无助的孩子。如果需要，我会再次重演这幕景象，这样我就能相信：我这次将不会是个受害者。"韦斯、塞普森及其同事（Weiss, Sampson 及旧金

山心理治疗研究小组，1986）将这一过程称为"由被动转为主动"（passive-into-active transformation）。

弗洛伊德对后一种认同描述得更多，思考得也更深入。这并非由于这种认同更常见，而是由于这种认同更倾向于潜意识，引起更多问题，且与惯常行为、理性行为有很大不同。弗洛伊德从俄狄普斯情境角度对认同进行的描述，主要解释为与攻击者认同，尽管在健康的家庭环境中，父母的攻击性并没有像孩子所投射出来的那么多。在经典的俄狄普斯三角中，孩子渴慕父母中的一位，感到与另一位竞争，因而担忧（因为在孩子的心里，感觉与行为还没有完全分离开来）自己的攻击性是危险的，开始担心被攻击的客体会报复自己，接着，决定效仿他所害怕的人物来解决自己充满焦虑的窘况（"我不能驱除父亲而拥有母亲，但我可以像父亲一样，并拥有一位像我母亲的女性"）。这一情境表现在许多不同的心理描述中，包括：文学著作中经久不衰的三角主题；当人们获得一些个人成就后，会为此感到焦虑和抑郁；三到六岁的孩子常常做噩梦，梦见他们受到妖魔鬼怪的威胁，而这些妖魔鬼怪源自于他们自己的攻击性想象。

在20世纪中叶的一段时期，俄狄普斯期的与攻击者认同这一冲突性认同观点成为一种流行的、用以理解认同的时尚，这也使许多心理研究者花费大量精力去求证非冲突认同的存在。西尔斯和他的同事们（Sears, Rau, & Alpert, 1965）在设计了许多能诱发自动性和情绪型认同的实验后，创造出"模型法"这一术语，使这种自动性及情绪型的认同与弗洛伊德描述的充满焦虑、出于防御动机的俄狄普斯冲突情境相映成趣。事实上，模型法的概念与弗洛伊德对情感依附的观察在理论上很相似。

仔细观察学龄前儿童，都会发现儿童在说话的语调及姿势上与其父母中的一位惊人地相似。一些认同，尤其是在年幼的孩童身上所表现出来的认同，似乎是对父/母的亦步亦趋。即使在稍微年长的人中，如一位大学生开始喜欢一位特定的学长，或者一位教徒追随敬重的教长，有时可以看到许多对认同对象的完全效仿（wholesale incorpration，又称合并）。当尊重的客体消失了，自己则成为其偶像的再版。一位完全效仿的崇拜者会模仿某人的言谈举止，甚至吃相睡姿。在其他情况下，认同不一定采用合并的方法，而是使个体能辨别细微，主观选择认同特征，如：认同者呈现出客体的某些征象，并抗拒其他征象。我们大多数人很清楚自己存在着如下两个方面：一方面我们希望自己与孩提时代的某人相像，另一方面我们阻抗这种认同。

在后弗洛伊德精神分析著作中，有很长一段时期，作者们试图寻找正常的认同形成过程，这与治疗师面临大量的不良认同所导致的痛苦有关。1968年，罗伊·沙弗（Roy Schafer）描述了孩子从对看护者的全盘同化（Jacobson，1964），到经过一些阶段，具备越来越多的鉴别力及思考力，并直到最后形成一个完备的认同过程，在这一过程中，客体被认为是一复杂的、多维的他人，使孩子感觉到可以任意选择其不同的品质。两岁大的孩子只是围着母亲转，但这些孩子到了俄狄普斯期，会认真地思索父/母身上哪些品质值得仿效。

一些作者认为"认同"这一概念范围较广，如沙弗已试图去区分早期的合并与后期的吸收他人品质之间的区别。对儿童的实验研究提示，看护者的内部成像的形成与自体（self）的内部成像的形成是同时发生的（Bornstein，1993），而这些自体及其他客体的成像则是按等级进化的，影响着孩子的知觉、期望以及行为（Horner，1991；Schore，1997；Wilson & Prillaman，1997）。在当代的精神分析著作中，"内射"这一术语大多指（也许是因为内射、外投的过程恰好完全不同）多种内化类型，内化包含着更多成熟的认同过程。因而，对孩子成长十分重要的人物的内化形象称为内射者。由于内化的过程是从不假思索的模仿逐渐发展成对他人某些人格特征的主动效仿，因此内化的过程含有较少的内射性成分，而更多的是深思熟虑的认同。

认同过程存在着家庭及文化的差别，认同的内容既可以是有益的，也可以是有害的。如果一个人最早的内化是适应不良的，那么他在以后的治疗中，将会遇到很大的困难，因为这些认同的本质是非语言的及自发的。安·莱斯缪森（Ann Rasmussen）是我以前的一位学生，她在攻读博士学位期间，接诊了一些女性患者，这些患者曾多次受到她们情人及配偶的虐待。这些患者也使妇女援助中心的工作人员伤透脑筋：她们总是回到虐待者的身边。在一次聚会上，一位患者的两岁的儿子做了一个像伤疤的饰物，骄傲地贴在腮帮上，并显示给他的母亲及客人看。他的内射过程很容易理解，但是他努力模仿母亲的这一内射内容，预示着他的将来会很糟糕。

  早期的、关于此主题的精神分析著作集中于孩子对父母特征的获得，并假设：孩子的成长是动态的，而父母的影响则相对静止。最近较多的关于成长的精神分析研究及理论（Brazelton, Koslowski, & Main, 1974；& Main, 1974, Brazelton, Yogman, Als, & Tronick, 1979；Jrevarthan, 1980；Lichtenberg, 1983；Stern, 1985；Beebe & Lachmann, 1988；Greenspan, 1981, 1989, 1997），从主体间关系的观点来论述认同的过程，强调孩子与看护者之间彼此相互影响。事实上，我们对人们如何形成自我认同感了解越多，就越能理解认同过程的变迁：婴儿努力获取母亲的个性特点，而母亲试图调整自己去适应婴儿，最终婴儿将变化了的母亲逐渐内化，如此循环往复。

  这种两主体间"舞蹈"的存在（Lerner, 1985, 1989），使我们不能断定一个内化的客体就相当于现实生活中的某人。我最初认同的父亲是全能的，但最初理想化并不等于我成年后眼中的父亲，他的自尊心很脆弱，理解能力常似是而非。有时生活事件也会影响内化。我曾治疗过一位对任何事情都很冷漠的男性患者。他所有的人际关系，包括和我的关系，似乎都显得冷若冰霜及拒人千里之外。他对自己与他人保持距离的解释是，他的母亲是一个"冰箱人"，不会表示任何温情。在我们的初始访谈中，我发现他是一个困惑、难缠的患者，很难与他建立合作的关系。他甚至不能复述自己的成长经历。我在得到他的允许后，要求会见他的母亲，当我准备去迎对一个毫无生气的机器人时，令我惊讶的是，他的母亲不但很亲切，而且对儿子深怀爱意。在她的陈述中，我了解到，在患者出生后的最初几个月里，其母亲患有很严重的传染病，因而被隔离，禁止接触。而其他的亲属很少关心患者。患者内化的"冰箱母亲"与其生母完全不同。他的生母在我的办公室里，因自己所有试图亲近患者的努力均遭拒绝而啜泣。

诊断程式中一个重要的部分,是评估患者认同过程原始化或成熟的程度。肯伯格(1984)是善于向患者询问其早年客体关系并欣赏这些关系的价值的治疗师之一,他曾论述了让患者描述其父母及其他重要人物的特定作用。一般来说,边缘人格及精神病性患者通常用笼统的方式描述其他人,要么好得无以复加,要么坏得一无是处,而神经症及健康人群对他人的描述则是多方面的、适当的(Bretherton, 1998)。这种信息对治疗师是很重要的,有助于治疗师决定选择支持性治疗,还是表达性治疗或是暴露性治疗(Kernberg, 1984; Rockland, 1992; McWillians, 1994; Pinsker, 1997)。

上面提及的两位患者,无论是那位愤怒的妇女,还是那名冷漠的男子,都用绝对化的方式来描述他们的父母。当治疗师听到此类描述时,往往明显地感到很困惑,不知道患者所描述的对象是否真是如此。因为被描述的客体要么是圣人,要么是魔鬼,而不是一个充满爱心但含有瑕疵的血肉之躯。这两位患者都适合诊断为边缘状态,在分类学上,那位妇女有明显的偏执性,而那名男子更具分裂性。那位妇女所呈现的偏执及边缘状态,需要治疗师的支持性态度,而那名男子对表达性治疗反应良好。

但是,即使那些心理相当成熟的人,有时也会不假思索地将特定的客体看成十全十美或一无是处。举例来说,癔症性患者即使有时候会很狡猾,并有深刻的洞察力,但仍享有凭印象取人的"美誉"(Shapiro, 1965)。同样地,功能良好的抑郁症患者,与许多功能受损的抑郁症患者一样,对其认同对象的看法也是"全或无"的,他们通常对自己全盘否定,而对其他人则完全认可(Jacobson, 1971)。对于有癔症倾向的及表演性人格的患者来说,这种理想化或贬低的倾向是为了防御被征服或受伤害的恐惧,而抑郁症患者可以通过这种倾向来保持希望:与好的客体保持联系,使自身灵魂中肮脏的一面被抵消。

认同的临床意义

了解患者的内化,尤其是那些非好即坏的内化倾向,对于心理治疗具有重要的意义,且远不止为选择支持性、表达性及暴露性治疗提供依据那么简单。首先,这些资料提示治疗师应如何开始与患者建立关系。一个通行的原则是,治疗师要在规范的治疗中,寻求各种途径去示明治疗师与患者内化的病理性客体有何不同。如果一位患者说,他的父母是一个不懂得宽恕、自我中心的人,那么治疗师就要向患者展示无私的情感。如果内化的父母是挑剔的,治疗关系中关于接受的方面就应该特别地被强调。如果内射的对象是具诱惑力的,治疗师必须特别谨慎,不要超越职业的界线。这些经治疗师慎重处理的反应,虽无法阻止患者仍将治疗师体验成内化了的客体,但一旦当这些移情产生时,正是治疗师的这些反应,可能使患者能将自己的投射与治疗师特征的不同区分开来,因为治疗师的这些特征与患者所投射的判若两人。

其次,正如前一段落所述,这些资料预先提示治疗师:注意将在治疗中出现的主要的移情。认同是强有力的,并启动心理能量。尽管治疗师给予一个童年遭受虐待的患者许多关爱,但仍无法避免使患者在治疗中认为自己将遭治疗师虐待。没有任何一种对患者的接受,足以使治疗师防止患者确信治疗师像自己内心的父母那样拒绝自己。而对大多数患者来说,在治疗的某些时候,治疗师成功地使自己与内化了的客体区分开来也是不利的。因为人们来寻求治疗,主要是因为没能真切感受到与自己儿童期愿望对抗时"应该"具有的成就感。他们需要将阻止自己成长及满意的内化了的形象投射到治疗师身上,然后用与童年期不同的方法学习与之相处。弗洛伊德(1912)在论述移情及其治疗意义时,曾将此比喻为:一个人无法与一个不存在的敌人争斗。

再次，理解患者内心的所有角色及每一角色对患者所具有的含义，对制定帮助患者的策略很关键。有时，这是治疗师能对患者施以影响的惟一途径。几年前，我治疗了一名男性患者，他长期、持续企图自杀。当他的双相情感障碍稍缓解时，他是一位快乐的、富于创造性的、办事效率高的牧师、丈夫及父亲。当他处于抑郁的缓解期时，我们的治疗非常富有情感，而且效果明显，他能不断了解自己，并积极改变自己的行为。

然而，当抑郁感吞没了他，尽管很多热爱他、依赖他的人再三恳求，他仍认为自己没有理由再活下去。在他家里，有一套自杀用品，储藏了超量的药物，我竭尽全力与他沟通，希望他能交出自毁的工具，但所有的努力只是徒劳。他还说，如果我一再坚持，他将谎称他已照我所说交出了工具，他一点也不想放弃那套自杀用品所带给他的最终控制感及自主感。可以理解，他令我几度失眠，当他死的欲望明显地比生的欲望强烈时，我劝他住院治疗。

这位患者的自杀企图十分坚决。他的家族史提示具明显的双相情感障碍遗传倾向。另外，他儿时曾经常被其母亲批评、控制及体罚，造成他内心认为他应该遭受惩罚，认为自己所固有的邪恶会使自己遭到那些真正了解他的人的拒绝。当他还是个年幼的孩子时，从他能走动开始，他只有通过或长或短的逃离来躲避其母亲的粗暴对待。这使他知道，如果生活无法承受，逃离令他得到安慰，在他的心目中，自杀用品象征着他儿时逃避的通道。他在日常交往中不苟言笑，从不表达、或者甚至从未意识到愤怒的感觉。因而，他将所体验到的攻击性情感当成是他自己邪恶的一部分，而且他甚至会为一些微不足道的事情痛责自己，这些微不足道的小事让他感到自己无意间的敌意及自私伤害了其他人。他的家庭更关注人们如何看待他，而较少关心他内心的自我评价，这使他的自尊心很容易受到损伤。而由于他既不能阻止母亲滔滔不绝的批评，又对父亲的被动攻击性及整日酗酒的反应无能为力，因此，他的自我效能感脆弱不堪。

我曾像他的精神科医生及他的一些富于情感的亲属、朋友一样，试着通过使他的愤怒更接近意识层面；通过分析他的非理性、但可以理解的歪曲信念；通过使他注意到，他想让他母亲对他的自杀感到羞愧，以此来惩罚他母亲曾对他的虐待；通过让他实际地想一想，如果他自杀了，那对他的妻子和三个孩子将会意味着什么；以及通过试着幻想，在他的葬礼上，人们会如何评论他的死亡等方法，使他正视自己的自杀。我试图让他关注移情，探询他会如何想象：如果他死了，我有何感受，以此发现其间蕴含的敌意，并以较少自毁的方式将敌意表达出来。但这些方法无一奏效。

然而引人注意的一件事是，他与他父亲的认同。这个患者个人史中关键性的事件，是他的生父在被妻子辱骂后自杀身亡。患者绝望地看着这个男人躲避母亲的攻击来保护自己，这为他今后成为一个成年男人提供了一个可供选择的榜样。患者因为父亲自杀而对父亲深怀敬意，因为这是他惟一、也是最后一次听到父亲说出回敬他母亲的话。他认为自杀是一种尽善尽美的伟大的姿态，是对一个专横地对待丈夫及孩子的女人的永恒的绝唱："滚你妈的蛋！"对患者来说，自杀吸引他的原因之一是，自杀意味着男性对女性独裁的抗拒。

一旦我们找到了其间的联系，我们就可以一起讨论其父亲的自杀实际上是否算得上一种勇敢的行为，或者患者是否仅需要从这一角度去看待这件事，而不愿正视自己已痛苦地意识到他父亲是如此的软弱和沮丧，以致使他妻子的错误行为摧毁了他。终于，这位患者有了重大的修通，他明白了自己对父亲的抛弃满怀愤怒。在这一点上，他不仅从理性的角度，而且可以从情感的角度，意识到自杀将对自己的孩子造成怎样的影响。他也能设想，其他男人对其母亲的行为可能会如何反应，并想象应该能找到表现男性力量的、更少自毁性的方式。他对其父亲的认同消减了，而更乐意吸收其他男性的品质。

最后，对治疗师来说，理解患者原始的、绝对化的内部成像十分重要，因为对他人及自身存在的复杂性与矛盾性的识别是个体心理成熟及和谐的中心环节。这一识别能力的获得是长程心理治疗的重要总体目标。因此临床工作者试图通过帮助患者调整其"全或无"的绝对化想象，使患者意识到他所憎恨的客体所具有的可爱的一面，以及他所热爱的客体所具有的消极的一面，发现恨的同时有爱相随，体会爱的呵护时隐伏着恨的萌芽。最终，在有效的治疗中，直白的、绝对化的想象被力量与软弱的真实感觉所取代。越来越能够在情感上与道德上接受他人的复杂性，也意味着更能接受自身的优点、缺点及矛盾之处。

修正"全或无"的内部成像的原则，甚至可以运用于那些早年曾遭权威人物残酷对待的人群，这种早年客体对治疗师来说也是十足的恶魔。然而，虽然内化的客体是坏的，但患者还是对客体十分依恋，同样，受虐待的孩子也十分依恋施虐的看护者。当治疗师与患者一起将他的父（母）亲归为"坏"的行列时，父（母）亲的优点将不再进入患者的意识层面，而患者会将通过认同获得的父（母）亲的优点看做自己固有的一部分。这样，治疗师就曲解了患者人格的重要部分。受虐患者需要找出他们遭受伤害时愤怒的感觉，需要为他们不幸的往事感到哀伤，并最终认识到，令他们受到伤害的罪犯也是受害者，常常具有可怕的成长经历。患者应该了解：自己对施虐者爱恨交加（Terr,1992,1993;Davies & Frawley,1993）。

反向认同明显时的临床表现

患者最终成长为与不良父母或看护者截然不同的人，这是常见的现象。我了解到许多人，其中包括我的患者、朋友及同事，通过反向认同（counteridentification）使自己幸免于创伤经历可能造成的后果。关于儿童受虐的研究已经提示，施虐者本身就是遭受父母虐待的受害者这一现象十分常见（Haugaard & Reppucci, 1989），但即便如此，残酷无情的童年时代也并不一定会使人具有兽性。许多有着不良生活经历的人，非常人道地抚养自己的儿女，他们内心有股力量，使他们决心不再重犯像自己父母那样的错误。反向认同使他们可以清楚地看到，情感破坏力与抗拒顺从自我挫败式家庭模式的内在压力而形成的自尊之间存在着差异。

然而,反向认同存在着一个问题,即倾向于矫枉过正,无一丝回旋余地。我的一个朋友对她疑病的母亲十分轻蔑,因此,即使母亲病了也不替她寻求治疗。另一位熟人坚决与酗酒的父亲反其道而行之,因而成为一个滴酒不沾的卫道士,而他的孩子们则通过吸毒来反抗他。治疗师经常与患者对质,这些患者无法将自己的行为朝积极的方向改变,是因为他们反向认同的客体正是以这种积极的方式行事的。我认识的一位女性长期生活在凌乱无序中,因为她父亲的第二任妻子出奇的整洁及井井有条,而她的继母给她的感觉是冷冰冰、拒人千里之外的。尽管她的处境是自我挫败、不合逻辑的,但这位成功的睿智的女性解释道,她无法改变自己的做法,因为这会使她感到太像她的继母。对她来说,井井有条意味着冷酷。(也许类似的现象使行为主义心理治疗突出了认知的重要性:很多人不愿做家庭作业,因为这让他们感觉到自己像他们所恨的某人,他们受到这个人强有力的、但缺乏理性的态度的影响。)

治疗师在不断探求途径以解决反向认同所带来的顽固阻抗时,常常会遭受挫折,上面提及的动力学对治疗师能否避免这种挫败感十分重要。有时候,一句温和的评论(如"因为你的继母既有条理,又很冷淡,你就认为有条理意味着冷淡")就可以使患者从反向认同的自发想法中解脱出来。有时候,则有必要给予更有力的诠释(如"你太担心自己会像你的继母了,你甚至拒绝她好的方面"或"你宁愿处于无序状态,即使这明显于己不利,也不愿让你死去的继母为你在某些方面像她而感到满意")。通常,如果反向认同性行为出现于移情之中,患者就会取得进步。("你迟到了还满以为,在已付费的时间里可以随心所欲——这都是因为你将我当成和你冷淡的继母一样的有条理的人,而你的继母是你不惜一切代价要违抗的人。")

有时候,可以利用反向认同帮助一个人朝所希望的方向变化。抵消适应不良性行为最有效的方法是,治疗师直接指出患者适应不良性行为是他/她与其相悖的早年客体的认同。我所治疗的一位女患者,认为其父亲浮夸、喜怒无常、控制欲强的为人方式令人难以承受，所以处处表现与父亲相悖。她小心谨慎地对待他人，尊重他人的自由，确保自己的想法不致妨碍她的朋友。她来寻求帮助时，主要的症状是无法很好地管理钱财。她尤其无法拒绝她的伴侣大把花钱，甚至超过了他们的经济承受能力，她将这归因于一贯的顺从，也就是她对爱控制的父亲的反向认同。然而，我们俩认识到她在金钱方面十分隐晦地继承了其父亲的行为（因为她父亲一直通过挥霍金钱来显示自己的能耐），这一发现，才使患者能够下决心痛改前非。

在讨论认同与反向认同这一话题时，我必须提及我的同事凯瑟琳·帕克顿（Kathryn Parkerton, 1987）所做的专题研究。她感兴趣的是，分析师在治疗结束阶段及之后是否感到哀伤。带着这个问题，她面晤了十位资深分析师。为了获得相关信息，她向这些分析师询问了许多与结束治疗有关的情况：在治疗最后的几个星期，分析师会更多地透露自身的情况吗？在治疗结束后，他们会接受患者的礼物吗？治疗结束后，他们会鼓励患者成为他们的同事或朋友吗？他们会与以前的患者保持联系吗？他们会给患者寄祝福卡吗？他们会鼓励患者定期返回以保持良好状态吗？

这十位分析师对是否为治疗结束而感到哀伤这一问题的回答五花八门。一位女治疗师否认有任何悲伤的感觉，解释道：她有一种道了"一路平安"后的如释重负感，并期盼着认识新的患者。一位男性分析师承认，每当患者从自己这儿"毕业"，他都会非常痛苦。尽管分析师们对问题的回答有显著的差别，但最令我感兴趣的是，他们都相信，他们各自的治疗规则与治疗实践都包括"经典的'或'值得接受的"精神分析治疗标准。他们表述出来的那些标准正好反映了他们自己接受培训时，他们的治疗师所应用的治疗标准：他们或效仿自己的治疗师，或用截然相反的方法去处理治疗结束工作，当然，他们对作出的选择都有自己的理由。但在我看来，完全可能是他们对自己的治疗师认同在前，解释的理由在后。

民族的、宗教的、种族的、文化及亚文化的认同

在目前的文化氛围中,多元化问题比我接受治疗师培训时所提及的多得多,治疗师需要识别患者民族的、宗教的、种族的、阶层的、文化及亚文化的认同,这一点怎么强调都不过分。这并不意味着治疗师必须事先对所有患者的背景状况应知尽知(虽然一个人知道得越多越好),而只是意味着我们对那些背景明显不同者的认同含义必须十分当心(Sue & Sue, 1990; Comas-Díaz & Greene, 1994; Foster, Moskowitz, & Javier, 1996)。甚至西方概念中的个体化,尽管在西方文化中成长的我们不自觉地推断这是人格的基石,却也并非人类心理不可或缺的方面(Roland, 1998)。然而,将认同现象看成是成长的关键过程,似乎是被普遍接受的。

DSM 忽略了理解爱尔兰家庭倾向于通过与人交往来控制情感,而意大利家庭通过社交来宣泄情感,以及当人们的行为与初始文化相抵触时会产生怎样的羞愧与内疚。这些问题在《民族与家庭治疗》(*Ethnicity and Family Therapy*)一书中进行了探讨(McGoldrick, Giordano, & Pearce, 1996),无论治疗师是否采用家庭系统模式治疗,此书都具有难以估量的价值。同样,罗温格(Lovinger, 1984)所著的《治疗中的宗教问题》(*Working with Religious Issues in Therapy*)使治疗师更易理解,新教徒对无法避免的自私行为的内疚感与罗马天主教徒对自私想法的内疚感之间的不同所隐含的意义。格瑞尔与考布斯(Grier & Cobbs, 1968)撰写了《黑人的愤怒》(*Black Rage*)之后,白人治疗师对非裔美国人的内心理解进一步深化。最近,南希·伯伊德-弗兰克林(Nancy Boyd-Franklin, 1989)在《黑人家庭治疗》(*Black Families in Therapy*)一书中卓有成效地概述了近几十年来在黑人亚文化中的心理治疗。

有时候,知道某人是乌克兰人甚至比知道他是否患有抑郁症更重要。因为稳固的治疗同盟是心理治疗的必要条件,所以对个别心理治疗来说,治疗

同盟的建立比治疗师精于分析症状的动力学意义更为关键。当治疗师在给少数民族地区的人治疗时，治疗师必须努力了解有关这一民族的相关知识。过去几十年的研究显示（Acosta，1984；Trevino & Rendon，1994），经过短期培训，治疗师完全可能减少面对少数民族患者时产生的挫败感及减少继之而来的过早中断治疗。因为少数民族患者总是愿意使自己能够被主流文化中的治疗师所理解。

如果治疗师对患者所归属的民族、人种或文化背景的心理特点不太熟悉，找不到适当的话题，就应该直接向患者讨教他们的价值观以及患者所在群体的普遍信念。这一询问，不仅强调：心理治疗中没有谈话的禁忌（与大多数社交场合的情况相反，在社交场合中，人与人之间具有显而易见的人种、种族及性取向差异，只是极少谈论而已），而且，从我个人的经验看，患者会欣然告之，他们喜欢看到治疗师对自己的文化表现出真诚的好奇心。事实上，教给自己的治疗师一些东西可以平衡患者低人一等的感觉：治疗师是专家，而自己一无所知。

当来自不同背景的患者与治疗师之间不可避免地产生误解时，治疗师不要照本宣科地理解事态的含义，而是应该鼓励患者说出自己的经历、期望及信念。譬如，在对待患者赠送礼物一事上，不同种族也许会得出不同结论：什么是治疗性的，什么是破坏性的，以及哪儿是难以避免的错误。对礼物的态度、赠送礼物背后所蕴含的意义及相应群体对以恰当方式接受礼物的期许，会因文化的不同而有很大不同。规范的精神分析治疗一贯要求治疗师温文尔雅地、富于技巧地拒绝患者所送的礼物，但要让患者明白，在心理治疗中，希望通过语言进行交流，而非行为。这一通行的规则使治疗师可以假设，当一个患者难以自制地给治疗师带来礼物，这说明患者想通过此行为，表达某些应该通过语言来表达的东西。在这样的假设下，再与患者一起去了解所需表达的是什么。"分析，而非得意"（在这种情况下，不要为送礼者表面的慷慨而高兴，而应找出礼物所表达的意义），这句格言已根植于所有动力学取向的治疗师的超我中。事实上，围绕这个简单的问题，心理治疗理论曾有过激烈的争论,即治疗师接受患者的礼物时,除了"谢谢"外什么也不说,这是否合适(Langs & stone,1980)。

如果送礼的患者与该文化中所尊重的人强烈认同,而在他们的亚文化中,个人交往及商业交易都崇尚赠送礼品时,那么,治疗师拒绝他们的礼物,尽管以很优雅的方式,也有可能陷入治疗危机。患者无论受过多高的教育,都可能因此而受伤害,因为他努力认同他所在文化中的尊敬人物:送礼是一种能力,不仅显得慷慨大方,而且显得有能耐、有尊严。由于反对接受礼物的首要基本原理是:确保患者可以尽情地通过语言表达,而不是将他们的所思所想付诸行动,因此,在接受礼物可以促使患者自我暴露,而拒绝礼物极可能诱发患者伤害性退缩的情况下,拒绝礼物的"规则"就会使方法与结果南辕北辙。

有一种传闻,且这种想法令人吃惊地根深蒂固地存在着,即那些贫穷、卑微、远离主流文化或在一些重要方面与众不同的人不很适合分析取向的心理治疗。确实,这些人通常首先需要了解心理治疗是什么,有什么用,也需要治疗师对他们的特殊状况具有敏感性及灵活性,但目前还没有证据显示,谈话形式的、倾向于内省的治疗方式对这些人群不适合。实际上,声称少数民族不适合协作性、谈话式、深层次治疗,代表了来自主流文化人群的最傲慢的偏见(Singer,1970;Javier,1990;Altman,1995;Thompson,1996)。但是有一点是重要的,那就是治疗师在治疗种族、宗教、人种、阶层、文化及性取向与己不同的对象时,需要付出更多的努力去理解患者的认同以及自身潜在的偏见与信念。

小　结

本章探讨了认同的重要性及治疗意义。讨论了内化过程的发展范围，从原始的内射现象到个体自觉地辨别差异的认同。描绘了如何从患者的移情反应中推断出所内化的客体的特征基调及个体成长基调。论述了认同及反向认同的临床意义，并且根据一些观察，确认种族、人种、宗教、阶层及少数民族身份等对个体的心理产生的重要影响。

第 八 章
关系模式的评估

　　患者与他人发生联系的固定的关系模式与个体的认同密切相关。认同所反映出的是，谁是患者的榜样以及榜样的哪些特征是患者想仿效或拒绝的，而关系模式则反映出个体如何表达自己与重要客体之间的关系。母亲可能充满慈爱、令人尊敬，而她的女儿也许希望自己各方面都与母亲相像。然而，女孩最初与母亲建立关系的主要方式可能是依从或叛逆、疏远或缠绵、苛求或舍弃，或其他任何方式。通过与人建立关系，养育者所拥有的人际交往风格及交往基调，还有他们更具统计学特征的品质（人们倾向于称之为"特质"）被儿童所吸取。在第七章，我就内化了的客体进行了讨论；在这一章里，我将讨论一个更加复杂的主题，即内化了的客体关系。

　　在初始访谈中通常没有必要特地询问患者的关系模式。因为，反复出现的人际问题常常是患者寻求心理治疗的主要原因，因此，通常每次治疗伊始，患者就会描述自己持续存在的适应不良的人际关系模式。当治疗师请患者描述，是什么原因令他们来寻求心理帮助时，患者常常这样回答："我总是爱上有虐待倾向的男人"或"每当爱上一个人，就会发现她的一些缺陷，然后就会大失所望"或"我与权威人士总是相处困难"。当人际问题成为患者的主诉时，对关系模式的表达会相对直接一些。而当患者呈现的问题是情绪障碍，或强迫思维，或创伤后应激反应，或其他与人际关系没有明显联系的问题时，治疗师必须从移情及患者的过去史中推断出核心的关系冲突。有时以下诸如此类些问题也许有所帮助："请你描述对你来说最重要的人际关系？"或"你的婚姻关系如何？"或"你有亲近的人吗？"或"你如何评价他人？"但是更可靠的信息往往来自治疗过程中患者对治疗师的反应。

让我举一两个在初次访谈中重复出现的关系模式的例子。我最近接诊了一位来寻求治疗的妇女。她说她总是喜欢将男性权威人士理想化，并渐渐地迷恋上他，尽管自己婚姻很幸福。我听着她的叙述，对她很有好感，觉得自己也许可以帮助她解决问题，而且发现自己期盼着能给她治疗。在这次治疗临近结束的时候，她提起她以前曾接受过的治疗与咨询——都是女性治疗师——我问她是否曾考虑过男性治疗师，这样也许她与男性之间重复出现的关系会立刻在治疗情境中激发出来。她的脸沉了下来，我可以肯定，她将我的建议理解为我不想为她治疗。

但转眼间，她认为寻求男治疗师的帮助也许是个好主意。她开始向我询问这一领域男性治疗师的情况，但很显然，她心不在焉。我打断了她的问话，告诉她，我只是好奇，仅仅想知道她为什么只找女性治疗师，但她仍然将信将疑。我能感到她似乎具有某种驱使，想照顾我，而不顾及自己的需求。即使如果我想摆脱她，她也不想给我添麻烦。当我们一起对这一点进行深入探究时，发现她所有重复出现的依从及照顾他人的行为模式都继发于对拒绝的恐惧，这才是她与男性及女性交往的行为特点。

我最近接诊的另一名患者是一位严重抑郁的女性。因为我已没有时间接待新的患者，所以我打算将她转诊。她推测自己抑郁的根源在于家庭环境。她排行最小，而且是母亲意外怀孕后所生，她总感觉自己是多余的。在童年早期，她的父母负担很重，经济窘迫，整天忙忙碌碌。她感到父母从来没有兴趣听她说话。她说她学会将自己的内心感觉很小心地隐藏起来，不让父母知道。她曾接受过几次治疗，但她认为这些治疗只是令她对自己的缺乏兴趣更感内疚。在访谈结束时，我感到对她的理解很不完全。

征得患者的同意后，我打电话给那位将患者转诊给我的社会工作者，征询怎样的治疗师会适合于这位妇女。令我惊讶的是，这位社会工作者告诉我，她认为这位女患者从未接受过真正的心理治疗。患者曾去咨询过一些人，这些人自称为基督教咨询师，主要运用劝导及圣经的权威性来告诫患者应该怎样去体验及行动。之后，患者决定向受过正规训练的治疗师求助，但她又对此非常紧张，因为她是一个虔诚的基督教教徒，担心不信教的治疗师会谴责她的信仰。她曾经为了避免因缺少母亲的关心（可能被我的转诊所强化）造成痛苦而将自己的思想、感情深藏不露，与此惊人地相似，她也没有告诉我她的担心和上述情况。

治疗师需要逐步了解患者的内心世界。患者内心世界是慷慨或吝啬、拘谨或通达、亲密或疏远、独裁或民主、仁慈或严厉、批评或接受、温暖或冷淡、主动或被动、压抑或表达、坚忍或放纵？患者对童年的情感环境是有何反应？引起了怎样的反复冲突？患者过去人际关系的蛛丝马迹依然存在于目前的人际关系中，它不仅使治疗关系蒙上个人的色彩，而且如果治疗师想要获得治疗效果，上述这些方面是治疗师必须注意的一个领域。

不同的研究人员已经作了这方面的研究，尽管他们各自强调的侧重点有所不同，但是，总的观点非常一致。他们中一些人的观点互相印证，其他的人则从孤立的观点或非主流的理论假设出发。但上述研究的结果殊途同归，证实了相似的关系现象。如玛兰（Malan, 1976）的"核心冲突"（nuclear conflict），吉尔和霍夫曼（Gill, Hoffman, 1982）的"患者对治疗关系的体验"，布斯（Bucci, 1985）的"参照体系"（referential set），斯腾（Stern, 1985）的"泛化了的相互作用的表象"（Representations of Interactions that have been Generalized），亨利、斯凯特和斯德鲁普（Henry, Schacht, Strupp, 1986）的"周期性适应不良模式"（cyclical maladaptive pattern），汤姆金斯（Tomkins）的"核心情景"（nuclear scene）（Carlson, 1986），威斯、塞普森（Weiss, Sampson, 1986）和其同事的"高级的心理功能假设"（Higher mental functioning hypothesis），达尔（Dahl, 1988）的"重复性适应不良的基础情绪结构"或"框架"，霍洛威茨（Horowitz,

1988)的"个体图式"(personal schema),拉奇曼和利奇特伯格(Lachmann, Lichtenberg, 1992)的"典型情景"(model scenes)、卢伯斯金和克里茨-克里斯多佛(Luborsky, Crits-Christoph, 1998)的"冲突的核心关系",伯莱斯腾(Bretherton,1998)的"表象"(Represen tations)。罗纳·史密斯·本杰明(Lorna Smith Benjamin, 1993)对社会性行为进行结构分析的实验代表了最深入的实验研究设计之一,其实验结果与强调关系模式对诊断至关重要的观点相一致。在一些非精神分析的著作中,同样能够发现对重复性关系模式的强调,如克莱曼和他的同事在"人际心理治疗"方面的观点(Klerman, Weissman, Rounsaville, & Chevron, 1984)。

在研究者把重复的现象(典型行为、发育主线、认知图式、主观建构——选择隐喻)作为理解个体心理和精神疾病的关键内容之前,治疗师就对患者的内心世界及外在人际关系中反复出现的一些主题留下了深刻的印象。治疗师不遗余力地帮助这些患者,将诱导出患者对权威、依赖、亲密、异性、权力、情感以及人际关系中其他方面的一系列独特的猜测,并会按此猜测而与治疗师交往。当代的精神动力学临床著作通常把反复出现的人际现象称为"内化了的客体关系"(Kernberg, 1976;Ogden, 1986;Bollas, 1987;Horner, 1991;Scharff & Scharff, 1987, 1992)。桑德拉和劳森布莱特(Sandler, Rosenblatt, 1962)的个体主观的"表象世界"(representational world)和阿特伍德和斯多罗斯(Atwood & stolorows)所强调的"主观结构"(structures of subjectivity)是两个相近的概念,他们都试图去洞悉个体心理的这一维度。理解关系模式非常盛行且高度简化的方法出现在20世纪70年代艾里克·伯奈(Eric Berne,1974)的"交互作用分析(transactional analysis)"理论中,他对某些常见"游戏"(games)和"脚本"(scripts)进行了描述。

在心理治疗中,患者与治疗师之间,患者与生活中重要人物之间的关系时坏时好的现象,对治疗师与患者来说往往都是司空见惯的。奥利弗·温戴尔·霍姆兹(Oliver Wendell Holmes)认为,我们每个人都愿倾诉衷肠,而且我们在生活中以各种不同的方式不断地表达我们想说的话。如果这一观点是正确的，那么，在治疗中，患者会通过各种途径达到同样的目的，每个来访者都似乎有一个需要探索与拓展的关系领域。我们所有人都有重复性关系模式，其中许多是适应良好的。当我们的核心关系出现问题时，由于这些问题包含着持久的、难以化解的冲突，故我们不得不寻求心理治疗。比如，我们一方面渴望亲密关系，但另一方面我们的行为却表现出对他人的疏远，或一方面我们寻求从压抑中获得释放，另一方面我们却害怕过于冲动，或一方面我们渴望自主，另一方面当我们的行为真正独立时，我们却又感到羞愧和疑惑。

在移情中的关系模式

移情现象经常被误解为，只是患者将童年期对养育者的态度直接地转移到治疗师身上。事实上移情远远比这要复杂得多。整个的氛围、情感以及防御方式均被转移到治疗情境中。治疗师不能仅仅关注于一些弗洛伊德认为最重要的问题——如"对这个患者来说，我是谁？"和"我的形象主要是好的还是坏的？"治疗师还必须体会到移情中的细微差异及其蕴含的意义。评估移情中的关系模式的过程分为两步：(1)描述患者持续反复出现的人际关系模式；(2)寻找人际关系模式的根源、意义、动机和强化物是什么。

让我通过分析一个相当普遍的关系模式，即性取向，来说明这一评估过程。患者的性取向往往在初始访谈中便显露出来，如一个异性恋的女性患者接受男性治疗师的治疗。我在这里顺便要指出的是，大多数治疗师都认为，异性恋的男性患者在接受女性治疗师的治疗时，患者的性取向不会立即明显地表现出来的，这可能是由于西方文化认为，地位高的女性与地位低的男性之间性能力存在差异。这种不明确表露性取向的情况也可能出现在患者为同性恋，而治疗师与其具相同性别的移情中，尤其当治疗师被认为是异性恋时，这可能是由于患者对那种被社会蔑视的性渴望进行了压抑。

通常认为患者"爱上治疗师"的现象可以避免，但并不一定容易理解。弗洛伊德是第一个试图去弄清这一现象的人，但他对这一现象的认识过于简单化。他认为性爱移情代表着患者把对早年客体的正性性欲望移置到了目前的客体身上，也就是说，弗洛伊德将异性恋女性患者对男性治疗师的爱恋，理解为是患者早年对父亲的爱慕的再次体验，而这种性渴望在俄狄浦斯期结束之时被压抑进入了潜意识。分析师们在很久以前就意识到性爱移情所代表的含义远远超过弗洛伊德的假设。治疗关系中的性爱移情是相当复杂的。（相反，心理治疗中有一些爱是相当直接的，并没有很大的冲突性，如本杰明在1987年已经指出，患者爱上治疗师是预料之中的事，而且它也是治疗过程中一个重要的方面。事实上，精神分析治疗正是从这样的性爱移情中取得治疗效果。治疗师在情感上对患者越重要，就越有能力消解患者挚爱的、已牢固内化的早年看护者给患者所造成的负面影响。）

当代的精神分析师对于用多种可能性来理解治疗关系中出现的性爱现象持开放态度。在这里我指的不是昙花一现的爱的感觉，这在所有的关系中都会发生，包括治疗师也会有此感觉，而是指持久地沉浸在成为治疗师情人的幻想之中。例如，患者不断地显示出对治疗师的性诱感，提示患者可能对强大而极具诱惑力的母亲认同；或可能恰恰相反，患者潜意识里认为权力是男性所特有的，因此一定要对男性进行性诱感，这样才能与他们分享权力；或者是患者试图通过"由被动转为主动"来控制由于童年遭受性虐待而产生的焦虑（Weiss，1986）；或者患者希望通过引诱治疗师脱离其职业角色，来满足其击败所憎恶的父母的愿望；与男性发生性关系，可能是一位遭受情感剥夺的女性习得的用来满足自身对关爱及温暖需求的方式；或暴露了患者想证明自己不是同性恋者的防御性需要；或者表达了患者深层次的对性压抑的反抗；或者这代表了患者惯有的只会爱上不该爱的人，而无法对其他任何人产生性爱的关系模式；或者是这个妇女竭力维持自己的情感和生活具有生机的方法，否则形同消亡。持续存在的色情移情可以是上述动力学原因中任何一种的表现，或表现为由数种组成的混合体，这些潜意识态度都包含有过分坚定的性爱观点（Gabbard,1994，1996）。

　　由治疗师撰写的关于患者性爱移情频率的临床观察文献及关于违规界限的分析性文献表明，这是一个相当普遍的问题（Pope,1989；Gabbard & Lester,1995）。这个问题的存在提示，患者对治疗师产生性爱感觉所可能包含的复杂含义并没有被许多治疗师很好地理解，这些治疗师显然倾向于把患者对他们产生的性渴望当作是预料中患者的本能需求的反应。但即使不提这种被治疗师自恋所唤起的性举动问题，治疗师也必须知道如何使患者摆脱对治疗师的性迷恋，以便能够利用治疗来解决他们前来求助的问题。想解决治疗关系色情化这一问题，仅予以道德的澄清和常规的方法是远远不够的。治疗师应通过诠释、对质、规定设置、对某种重要冲动的默默忍受（这种冲动将最终根据患者识别其与某些特殊人物的主要关系所蕴含的含义而自然发展，这些特殊人物常被患者色情化）来处理这一现象。

　　患者以特定方式与他人建立关系的倾向，在初始访谈中就会呈现出来，而且一定会成为分析的组成部分。对案例分析的准确性，一定程度上取决于治疗师是否有能力利用自己的主观感受去理解患者所呈现的关系模式的可能含义。除了考虑患者病史中提供的、也许能反映一些特定关系倾向的内容外，一个敏感的治疗师还会利用自己内在的情感反应来判断。为了说明如何做到这一点，我想继续以一个倾向于将关系色情化的患者为例。面对一个性引诱的患者，治疗师的主观反应可能主要包括愉悦、恐惧、烦躁、性兴奋和自恋增强。不同的反应，意味着治疗师对这个特定患者的色情化的意义有着不同的理解。

　　当然，由于治疗师的反应是他们自身的关系倾向及患者对他们的情感影响的混合物，因此，一个训练有素的治疗师会努力区分哪些是属于"自己的"，哪些来自于与病人的相互作用（Roland,1981）。事实上，许多当代的精神分析师强调在治疗过程中治疗双方的主观性参与了移情的共建（co-construction）(Orange,1995)。精神分析培训机构传统上非常重视治疗师的自我体验，原因之一就在于治疗师的自我知觉使治疗师能够区分什么是患者诱导的反应,什么是治疗师自身在任何人际情景中的通常倾向。

许多年来,我一直有这样一个印象,即许多精神分析督导过于强调初为治疗师者必须识别由患者激发的治疗师的"自身问题"。当患者唤起了治疗师的某些潜在的情感体验,如果识别这些反应成为主要的思考方向,那么,治疗师可能在自我分析中迷失方向。解决治疗师与患者之间的情感问题主要取决于治疗师对自身冲突的修通,这是一个被误导的概念,因为彻底的自我认识和自我控制是无法做到的,而且,患者想解决的是自身的问题,而非治疗师的问题。更关键的是,对自身问题的分析使治疗师不能对正在影响治疗双方的情感作用给予关注,以至于治疗双方都不能更深刻地理解患者带入治疗中的东西。然而,不管治疗师自身的情绪在治疗双方关系中的影响有多重要,出于诊断的目的,治疗师首先应该了解患者在互动治疗关系中呈现出的究竟是什么问题。

除了上述的观点以外,我还要特别提醒的是,从患者的表现中获得的某些感觉,并不意味着患者确实"投放"了这种感觉。遗憾的是,反移情的价值往往被一些治疗师用于诡辩,他们不加思索地将任何自身的内在的不适情绪状态归因于患者的缘故(比如"我此刻感到很愤怒,一定是你在试图激怒我"或"我感到很疑惑,这一定是你的真正感受")。治疗师的主观感觉也许代表了患者许多主观体验,但这并不排除需要治疗师节制、保持内省以及对多种可能性解释的斟酌。

多年以前,我遇到过这样一位男性患者,在初次访谈的时候,他直呼其名地叫我"南希",为我开办公室的门,还对我的着装大加夸奖。看上去他需要以十分轻佻的方式与我建立关系。我对他的一举一动感到非常恼怒,同时我注意到自己与他接触时显得小心翼翼,并对他持批评态度,似乎在说:"你的行为在这样的专业场合中非常不合适。"但是,在我还没有理解他对我的性诱惑之前,我不想对此做出任何反应。对他的态度我既保持适当界限但又不失亲切,并继续收集有关其既往经历的材料。从他所提供的信息中,我发现,原来他母亲对他极端的专制,甚至对他有过虐待。我开始明白,他挑逗我的一个目的在于试图控制那些在他眼里具有潜在权势的妇女。我的恼怒其实正表达了自己困兽犹斗的防御反应。有趣的是，当我后来不带任何评判地指出他对我的性挑逗意图时，他好像感到自己被暴露无遗而只得束手就擒，在以后的治疗中，他便一直昏昏欲睡而不能坚持治疗。他有点不情愿地谈到自己反复出现的、与所钟情的女性（只有那些相对有权势的女性才会令他感兴趣）产生的关系模式：首先他将努力使她们为其倾倒，如果这不能奏效，那么在以后与她们交往时，他变得兴趣索然。虽然我将他纳入治疗，但我和他不久便断定这种动力关系非常不利于我们特殊的合作关系——给一个疲惫不堪的患者进行治疗很不容易——我将他转诊给一位男性治疗师。由于他们能一起讨论他跟女性的关系模式，又不至于因此而破坏治疗关系，因此男性治疗师对这位患者非常有效。

　　另一位我治疗多年的男性患者，以比较微妙而又缓慢的方式在我与他之间营造一种性爱的感觉。我发现自己和他在一起的时间里老是充满着性幻想，我感受到一种混杂着性兴奋与恐惧的混乱的情感。同时，我又非常强烈地想对这种体验置之不理，因此，给他治疗时，我表现出似乎我们之间的氛围从不涉及任何性爱，以及我从未对他产生过性欲念。一段时间以后，我感到如果不对自己持续存在的"怪异的情绪"加以分析的话，自己给他治疗时会显得极不真诚。所以我向他提出自己的感觉，即我和他似乎在默契地回避着一些含有性成分的东西（Davies,1994）。他先是予以否认，接着感到担心与羞愧。尽管他在初始访谈中没有告诉我他曾经遭受性虐待，但他清晰地记得与母亲的特殊关系。其母亲在他三岁至七岁期间，经常以定期的、虐待的及色情化的方式给他灌肠。对于母亲定期地对他做出的这种偷偷摸摸的行为，当时他感到既痛苦又兴奋。每次灌肠后，他和母亲心照不宣地达成协议——决不许提及他俩之间的这种秘密勾当。我的兴奋、恐惧和希望摆脱这种性爱氛围，其实反映了这种复杂的人际间动力特征，这种动力特征成为患者后来许多关系中的一个突出的问题。

　　另一位患者则在治疗室中创造了一种引起我完全不同的情绪反应的性

爱气氛。他是个非常拘谨的分裂样人格患者。在他36岁那年，他开始发觉自己有些不对劲，因为尽管有许多机会与自己幻想中倾心的女性发展恋爱关系，但他依然还是孑然一身，且从未与人发生过性关系。于是他来寻求治疗。原来他的父亲是一个厚颜无耻的玩弄女性的家伙，在患者十几岁时，父亲就逼着他一起出入色情场所，因此在他的心理上，对父亲的反向认同占据着主要的位置。在他的意识中，性与屈服于父亲不近情理的要求之间存在密切的联系，而父亲的这种非分要求包含了贬低妇女的卑劣冲动，即使这种冲动经过伪装，也很容易被他人一眼识破。由于患者深爱着自己的母亲，所以拒绝父亲的这种把戏。

在治疗结束时，我请患者谈一下对我的感觉，患者说他发现我非常具有吸引力。在这个个案中，我的愉悦感十分明白——不仅是受人称赞后自然产生的自恋增强，而且还有一种更具母性的期望，期望他能够感受和识别一种新的性爱倾向，这种性爱不同于父亲逼迫下形成的性观念。与许多性爱移情不同，这位患者所呈现的性爱移情并不是对其他物质的阻抗（正如前面所提到的两个案例，像权力问题或关于性虐待史的记忆）。相反，它代表了患者具备了与他人建立亲密关系的潜能，这一潜能最终将通过与一位他喜欢并仰慕多年的女性建立性关系而表现出来。我最初的反移情至少部分是良好的，因为在这个患者身上，治疗关系有着良好的发展过程，而不是充满冲突和对抗的（Trop,1988）。

我用患者与治疗师之间的色情化关系来阐明我想要讨论的现象，一方面是由于这些现象对于治疗师是最棘手的问题，另一方面是由于我发现当代学习心理治疗的学生不愿承认和探究自己对患者的性的反应。（或许我们的训练程序过于强调对性的阻止，以至于治疗师对觉察到性唤起的迹象都感到恐惧。）但是，同样的原则也适用于在移情中出现的任何人际动力和伴随的情绪问题。一个治疗师如果能对被激起的反应持彻底的开放态度——即使一些令人心烦意乱的反应，如性兴奋、憎恨、施虐、羞愧、厌倦、鄙视以及嫉妒——他将发现一个完整的故事情节（弗洛伊德的专业术语称为

"家庭罗曼史")会在治疗室展现,并且随着治疗的深入,以往的情节会改头换面,再度显现,随着治疗师全新的角色作用,解决问题的方法产生了全新的变化。

移情在精神分析和其他心理治疗中的不同含义

在经典精神分析治疗中,将患者具冲突的核心人际关系在分析师与患者之间逐渐重新建立的现象称为"移情性神经症"(transference neurosis, Freud, 1920)。人们嘲笑精神分析师为了治愈患者而制造疾病,这并不是完全没有道理:精神分析的治疗情境鼓励有问题的人际关系模式以一种极其具体而又十分强烈的情感形式在治疗中呈现。事实上,治疗中相互之间的认同,以及随后对移情性神经症的修通,是精神分析与其他非深层次心理治疗的质的区别。诱导患者产生移情性神经症的治疗技术(睡椅的运用、自由联想、高频率的治疗面谈、对疗程不加时间限制)经常被用来区分精神分析治疗和精神分析取向(精神动力)治疗。而事实上,这些技术只是进行一个完整的分析治疗的充足条件。(众所周知,在一些寻求精神分析治疗的比较健康的人群中,一些人能在一周两次的治疗中体验移情性神经症的起伏变换,而另些人在一周五次的治疗中却无法在分析性关系中再现其核心关系模式。因此到目前为止,尽管对"可分析性"问题予以积极的关注,但是尚未有人能在治疗一开始就可靠地区分不同类型的来访者 [Greenson, 1967; Etchegoyen, 1991]。)正是这种循序渐进的、退行性的、对早年情感关系的重新体验,允许治疗师和患者一起识别个体人际关系主题及其恒常性,能够深刻地理解它们为什么会有这么大的影响力,以及找出解决它们所蕴涵的冲突的新方法。

普遍认为经典的精神分析适用于自我功能较强、治疗动机明确以及对深入了解自己主观世界充满着兴趣的人群。精神分析对于那些边缘人格或精神病特征的患者,或具有某些精神病性症状的患者(如分离症状、偏执倾向),即使他们处于神经症范畴,那也不是最佳的治疗方法。同时,在许多情况下，即使精神分析可作为比较理想的治疗方法，但却不太实用。在稍微宽泛一点的治疗中，治疗师和患者处理的是移情反应而非全面具体的移情性神经症，但是，治疗目的却是一致的：探寻患者在治疗中再现的冲突，然后，治疗师和患者一起讨论如何解决这些冲突。

　　精神动力学治疗比经典的精神分析治疗难以操作。在分析治疗时，患者的关系模式是逐渐地、自然而然地呈现的，较少受到治疗师主观意志的诱导。而动力学治疗的治疗频度较低，或治疗时间有限，或面对的患者会因分析而诱发过多的无法控制的退行，治疗师不要等到事情彻底明了，才对患者心理动力学作出分析。治疗师必须更积极主动地去干预，而且要敢于冒一定的风险，因为最初他们推定的人际模式可能缺乏根据或被全盘否定。尽管尚有偏见认为精神分析的治疗效果本质上要优于动力学取向的治疗（这一偏见满足了精神分析师们的自恋，但似乎与临床预后不一定相关 [Wallerstern, 1986]）。当代的治疗师认为——包括表达式和支持式治疗——动力学治疗限制较多，实施起来相当困难，因为这些治疗需要较高的创造性，并且通常比分析治疗要更多地迎合患者的需要。

移情中没有出现的人际关系模式

　　恪尽职守的治疗师不仅能发现在治疗关系中反复出现的人际关系的性质，而且还会感觉到那些在患者的体验中从未呈现过的关系。这一点与判断治疗中呈现出何种关系模式相比，更为困难，因为它要求治疗师能够迅速对患者不能用言语清晰表达的虚无飘渺的世界进行投情。这样的病人就像一个从小喝麦糊粥长大而营养不良的人，能清楚地讲述自己的身体状况，却无法描述饱食终日的感受。个案动力学分析的一个重要方面是评估在患者的体验中缺乏什么类型的人际关系，然后想方设法让患者从情感上逐渐认识这一关系，使患者为自己不曾拥有的关系表示哀伤，同时获得他先前因缺乏这种关系而无法想象的一种人际关系能力。除了对患者所呈现的人际关系模式和异常的关系模式予以投情以外，治疗师还需尽快对患者所没有呈现的人际关系模式予以投情。这个观点一直到新近，当诸如自体心理学家和主体间理论学家关于"缺失"（deficit）的理论（Kohut，1977；Stolorow & Lachmann，1980；Ornstein & Ornstein，1985；Stolorow，Brandschaft，& Atwood，1987；Wolf，1988）得到发展改善时，它才成为大多数临床心理治疗理论的普遍观点。由于这些心理学家的贡献，治疗师们可以从这一视角来理解患者的情感需要和困境，而先前的治疗对这种模式并没有给予足够重视。

在20世纪50年代和60年代，把大量的精神疾病归咎于母亲的错误，这其实是临床治疗现象的产物，它反映了当时的文化氛围，即养育孩子的主要责任在于母亲而非父亲。换句话指，那些缺乏父爱的患者往往将内化了的母亲的问题带入治疗室。患者知道他们对母亲不满；但他们常常不能意识到，如果父亲有更多的时间和自己在一起，母亲看来也不至于这么糟糕或如此令人生畏。他们可能也无须如此挣扎来摆脱母亲的影响。哀悼母亲的养育罪过比起哀悼父亲的忽略罪过来得更加具体，而且更少痛苦。治疗师同时发现，与那些移情中没有呈现的内容（即对父亲方面的体验）相比，患者对自己的感受会给予更多的关注——也就是说，母亲经常出现在眼前，因为母亲在自己的生活中始终存在，并不断相互作用，就像是自己的一部分那样密不可分。

评估患者与治疗师的交往风格中缺少什么样的关系模式，与充分感受移情中具有的关系模式相比，具有同等重要的意义。我曾经遇到过这样一位抑郁症患者，他描述自己反复抑郁已达36次。在治疗的初始阶段，我就注意到他经常重复那些已经说过的事。我对他说："我感觉你总是不认真听我讲话？"他反唇相讥道："你指的'听'是什么意思？"我回答说："我不知道我的想法是否正确，因为你经常对我重复说一些事情，就好像我没有留意过你所说的话。我想那些抚养你长大的人一直对你缺乏关注或心不在焉，因此，你习惯于提醒他们你刚才所说的话。"他的回答是："你的意思是大多数父母都会倾听他们孩子所讲的话？"这对他是个全新的观点。每一个人都将自己生长的家庭作为模式来理解事物，经常到了成年晚期才有可能在意识层面识别原来家庭中欠缺和从不缺乏的东西。

当代研究创伤和情感分离问题的学者（McFarlane & van der Kolk，1996）正不断强调类似的问题。不管患者早年遭受何种创伤——包括性虐待、躯体的虐待或医疗创伤等等——理解他们心理状况最重要的内容是，患者心理上被疏忽的感觉。在他们的早年生活中缺乏什么与拥有什么同样的重要。如果有人能够花费足够的时间帮助儿童理解那些发生的事情，并使其情感上经历这些事件，那么，几乎所有的体验将不再具有创伤性。至少在两岁以后，当儿童能够说话时，创伤通常并不是那么具有致病性，而真正致病的原因在于家庭对待创伤事件持否认或抵赖的态度。当治疗师与受虐者进行面谈时，患者描述自己遭遇的恐惧体验可能成为注意的焦点。但是，治疗师应该留意患者所讲的故事情节中缺少什么内容，例如：对于受虐的幼儿，没有人倾听他所说的话，没有人给予安慰，没有人帮助这个孩子把发生的事情用语言表达出来，更没人向他示范如何处理这种创伤。因此，了解上述缺失的内容是治疗师与患者建立治疗关系、取得良好治疗效果的基础。

治疗场合外的关系主题

在移情关系中，不是所有的关系都可以通过呈现或缺失而被识别出来，这在初始访谈期间尤为明显。对患者的过去——包括家庭、社交、性、工作以及既往的治疗史——进行详细调查的一个重要原因，是识别患者多年来在各种场合以不同形式反复出现的关系模式。对反复出现的主题的识别不仅有利于提请治疗师注意那些对患者起治疗作用的关键所在，而且可以使治疗同盟加以巩固，促使患者继续治疗。

特别重要的一点是，要了解以往的治疗师对患者作何描述，尤其是对那些以前曾多次在其他治疗师处治疗过且治疗失败的患者。虽然患者有可能运气不太好，碰到的治疗师都训练不足，或都缺乏才干，但最好的假设是：在以前治疗师身上发生的事情，将同样会发生在自己身上。将患者对以往治疗的抱怨整理出来，对于下面两个方面来说是很重要的。首先，如果治疗师能很好地理解患者，他也许能避免以前治疗师所犯的一些错误。例如，认识到以往的治疗师如何陷入困境，可以使现任治疗师提前加以注意，做好如何去控制情形的准备。第二，也是更重要的，尽管做了足够的准备，但还是很有可能犯与以前治疗师同样的错误（至少患者会觉得你是故意再犯），但对以往治疗失败的仔细评估可以使治疗师有机会提前告诉患者：在这次治疗中，同样的情况也许很可能再次发生。这样患者也许反而会继续接受治疗，他将以语言来表达自己的愤怒和失望，而不是将怨愤付诸行动而中断治疗。

当我从患者处了解到，他过去看了很多治疗师，但没有一个能真正理解他的痛苦，我是他最后的希望时，我的虚荣心马上被激发出来。我发现自己迫切地想让患者确信，我和他以前的治疗师不同，我能帮助他。但多年的治疗经验使我变得谦虚谨慎，虽然这不足以使内心的虚荣有所改变，但足以使自己避免在行动上表现出来。我现在明确地表示我的观点：我会在治疗中出错，这些错误有可能在某种程度上与其他治疗师所犯的错误相似，患者可以和我一起利用我的这些错误去理解一些重要的事情，并找出建设性的方法去解决问题。这一交流可以将我和患者从不切实际的想法中解救出来，并传递这样的信息，即当患者感到失望的时候，除了失望外，可能还有其他东西一起表露了出来。

在我作为治疗师的早期生涯中，我对治疗有心理病理倾向的患者很感兴趣。那时，我喜欢扩展我的治疗措施，包括某些对特殊患者的治疗方法，即更固执、疾声厉语和无可辩驳语调的方法，这十分不同于温和的、更能显示同情的方法，而后者适用于大多数患者。当时，我认为，对此类患者的治疗之所以会失败，是由于治疗师缺乏经验。我曾被告知，有一点很重要，即不要让反社会人格的患者骑在治疗师头上，我曾试着以牙还牙，与患者的操纵欲望针锋相对，以免自己成为他们的目标，被他们贬低 (Bursten,1973)。

这一方法有时候还真奏效。但我不久就领会到，无论我如何聪明，患者都可以成功地找到操纵我的方法。所以我认为最重要的治疗性交流不是"试试看，你将无法欺骗我"，而是"听着，如果你坚持要在治疗的时候欺骗我，你一定能做到，我根本无法将实情与令人信服的谎言区分开来，但这就是你想用来打发治疗时间所做的事情？"在自己的内心世界里与先前的治疗师，或与幻想中的缺乏特殊技能的治疗师竞争是无可非议的，但如果将此付诸行动，将很可能使治疗陷入僵局。

在以前社交、性及工作中呈现出来的人际模式也能预测治疗中可能出现的问题，从而提示治疗师可以预先采取措施。一个适当的例子是，有的患者只要朋友、工作、性伴侣限制了他，或感觉到被他们深入了解，或发现自己对他们产生深深的依恋和依赖，就会声称要离开他们。这种模式不仅带来了孤独的痛苦——对患者及被他撇在一边的人都是如此——也是分析治疗最能有效治疗的问题之一。如果患者能坚持治疗，确实能通过分析治疗而痊愈。因此，当患者叙述只要他与他人关系稍微深入，似乎就极度地、不自主地、强迫性地想脱身而走时，治疗师应该与患者有约在先，而不要不假思索地作出反应。即如果想逃离的想法在治疗中出现——患者突然决定立即终止治疗，无论是什么理由（钱与时间是最常见的理由）——患者必须再经过一定次数的访谈，以讨论究竟发生了什么。据我所知，这种有备无患的做法已拯救了不止一次的治疗。在那些无论如何都决定中止治疗的例子中，这种做法至少也能使患者们体验通过语言表达，而不是感情用事来处理中止治疗。这一过程能使患者学到一些重要的东西。那么下一位接诊该患者的治疗师，将很幸运地得益于患者自我认识水平的提高。

性关系模式以极丰富、精炼的形式涵盖了关系的主题。临床实践提示，重复出现的性意向，要么表达了个体生活中占主导地位的人际模式，要么表达了一种离群索居的、若即若离的性关系模式，这种性关系模式需要整合到个体整体经历中去。如果治疗师能很轻松地谈论性，患者经常会如释重负地想：自己私密的、也许充满羞耻感的性爱生活并非神秘或变态到羞于启齿。治疗师对性的宽容与健康的态度鼓励患者坦诚地暴露自己，促使患者相信他们情感生活中的困难可以被克服。不愿直率地谈论性的治疗师应该学着在值得信赖的朋友面前谈论性行为及身体器官。我督导的一些小组已进行了此方面的练习，小组成员们通常怀有混杂着兴奋、不舒服、窘迫及欣喜等的情感体验，但这项练习使语言没有禁忌，这对治疗师来说是很重要的。

在接诊那些同性恋、双性恋及变性人时，特别需要坦诚相待。对于那些由于性欲倒错及强迫性性行为（最近几年称之为"性成瘾"）而存在性问题的患者来说，也是如此。至少，应该让这样的患者了解，一位精神卫生专业人士不会为他们的性偏好感到震惊；理想一点的话，患者应该感到治疗师理解并尊重他们性偏好的差异。例如，对待男同性恋者，诸如此类的问题"你喜欢口交还是肛交？"及"你常常是'上位'还是'下位'？"会有助于找出重要的关系问题。对待双性恋者，他们与不同性别交往的满足程度的不同，也是富有启发性的。治疗师越坦诚越好，虽然每个患者情况各不相同，但都应该告诉患者，如果他们觉得问题过于尖锐，可以拒绝回答。注意患者性措辞的选择也是很重要的，举个例子，如果一位男性患者谈及"进入"，治疗师不应该想当然地认为他指"射精"。

由于人类所有的动机都与性有关，因此个体特殊的性关系模式揭示了该个体相关的基本主导思想。有些人将依赖"性化"（重视性的接吻及拥抱作用，而不考虑其他作用），其他一些人将攻击"性化"（重视性的权威和顺从作用），还有一些人绝大部分将性用于自恋性的需要（重视性行为中露阴癖与窥阴癖的征象，或把性行为看做是对方了解自己的不可名状的满足，或把性行为看成战胜或羞辱对方的手段）。有时候，尤其是孩提时代生殖器曾遭受损伤者（由于性虐待、事故或医学因素），这种持续存在的或无故蒙受的痛苦也许成为今后他们性高潮的必备条件。在任何一种这样的情况下，相应的关系主题均可能体现在性的领域。

关系模式对长程治疗及短程治疗的意义

在无时间限制的治疗中，除了那些中断的案例，治疗师可以满怀信心地期待，患者的核心关系主题会随着时间的流逝呈现出来。即使一位治疗师在初始访谈中没能发现一些核心的人际关系模式，他通常也不至于犯严重的错误，因为重要的主题将或早或迟、准确无误、清晰地表现出来。然而，在有时间限制的治疗中，治疗师聚焦于最核心的、冲突性的关系模式的能力，对于有效地利用时间是很关键的。鉴于读者对短程动力学治疗的临床文献不太熟悉，我向大家推荐我的两位同事斯坦利·麦瑟和沃伦（Stanley Messer & Seth Warren, 1995）的著作，他们注意到，对有时间限制的分析性治疗来说，目前主要运用的方法大多数都反复强调对患者核心关系动力学意义的理解。

而长程治疗及精神分析本身，患者寻求改变的动机之一——我以前几乎没有在精神分析文献中看到这一点被讨论过——事实上是患者最终获得了自我意识，他们对自己一遍又一遍描述同样的交往方式而感到懊恼，甚至厌烦。这样的话，对他们来说，尝试新的东西比回到治疗师那儿，承认自己又老调重弹要容易得多。个体面对非理性观念，检查和描述自己的核心神经症模式，使治疗双方最终感到倦怠及愤怒。即使新的行为模式存在风险，也会认为比重复以往模式所带来的痛苦要好。这种动机性获益也许是心理治疗尚未研究的、对个体改变起重大影响的因素之一。但这种情况仅发生在治疗师识别出关系模式，予以澄清并创造了安全的环境，使患者可以一次又一次地谈论这一模式的情形中。因此，治疗师能越早用语言表达某种关系的动力学意义，就能越快帮助患者运用健康的方式与他人交往。

第八章 关系模式的评估

小　　结

在这一章中，我讨论了如何及为何要理解患者生活中反复出现的人际主题。我强调了这些关系模式中包含着重要的事件及冲突，因此可以被恰当地理解成内化了的客体关系，而非仅仅是内化了的客体。我提到了关于关系模式的实验及临床文献，并探讨了在治疗关系之中及之外这些关系模式是如何表达的。我将精神分析与心理治疗、短程治疗与长程治疗作了一些比较，从而说明治疗师与患者如何识别关系模式，并使治疗具有意义。

我试图显示如何采集完整的病史使主题凸现，成为治疗的中心。如果想阻止患者中断治疗，有时候需要立即理解这些主题，并清楚地表达出来。出于对治疗情境中出现的关系模式的尊重，我强调了治疗师训练有素的主观臆断的重要性。我也强调了在患者的陈述中，某些重要关系明显缺失的意义。最后我简短地提到了对核心模式持续地、深层次地理解，可以增强患者要求改变的动机。

第九章
自尊的评估

　　自尊，分析师有时将其称为健康的自恋，是情感生活的一个组成部分，而不同人的自尊存在着惊人的差异。任何想帮助他人的治疗师，不管他采用短程治疗还是综合治疗，都需了解每一个患者在自尊领域的独特性。他/她的自尊有多牢固？以什么为基础？是什么伤害了它？自尊受伤后如何修复？自尊赖以维持的因素有多现实？构成一个人自尊的所有因素，形成了被认为理所当然却又无法说清的个体心理面貌的那部分，就像水之对于鱼，它的存在从未被完全意识到，但却无时无刻地悄然伴随左右（ego-syntonic）。一个人自我感觉的好坏，反映的是其精神活动的各个方面，尽管不知不觉，但持续稳定，这使得我们绝大多数人只根据这种隐晦感觉来肯定或否定自己。由于自尊是一种荟萃、深刻的内在现象，所以治疗师必须从患者的行为和言语中推断其自尊性质。

了解自尊问题的意义

维护和增强自尊在所有的人类活动中处于核心地位。当发现自己的行为与价值观互相矛盾时,人们会感到羞耻、绝望,甚至不可自拔,丧失自尊,使人们更多的不是去感受痛苦,而可能铤而走险将自己或他人置于死地而后快。自尊不但与失败相关联,同时与成功也有着必然的联系,有些人可能获得对大多数人来说难以想象的成功。例如弗洛伊德,精神分析的追崇者有时将他过于理想化,他们无法想象,还会有什么人能像弗洛伊德那样,克服自身的阻抗,将自己的潜意识生活赤裸裸地暴露在众人面前。但是,如果你了解弗洛伊德的自尊结构,就会发现,他的成就并非那么不可思议。弗洛伊德价值系统的核心在于,将自己看成勇于为真理献身的无畏的勇士,并能勇敢地揭露自己道貌岸然与自欺欺人的缺陷。弗洛伊德非常乐于揭露自身存在、而别人会试图隐藏的心理问题,在自我揭露时,弗洛伊德也感到极度的羞耻,但是,当他为树立一个无所畏惧的实话实说者的自我意象而感到无比自豪时,那份羞耻感就被完全抵消了。

文化创造了普遍认可的价值观,使很多不可思议的行为被认为合乎常理。例如,在当代美国中产阶级社会,那些自尊维系于年轻美貌的人们,因为无法面对伴随年纪增长而容颜渐衰的自恋痛苦宁可忍受大量整形手术。在战争年代,为勇敢而自豪的战士总是宁死不屈。当泰坦尼克号沉没时,出于那个时代的自尊感,本杰明·古根海姆(Benjamin Guggenheim)放弃了逃生的可能,和秘书一起换上白色领带和燕尾服,然后郑重宣布:"我们已盛装待发,准备像绅士一样沉没"(Butler, 1998, p.123)。

有些人耗尽一生的心血去挽救、医治、救济他人,即使常常极为艰难,甚至面临生命危险,也仍不改初衷(McWilliams, 1984)。当我对这些人进行研究时发现,如果阻止他们做好事,他们反而变得消沉失落。我所认识的一名妇女,在被确诊为乳腺癌后,变得异常烦躁不安——并不只是因为她害怕死亡,而且还因为医院不再允许她定期献血,可是献血对于她维系价值感极为重要。通常,如果他人无法理解一个人特定行为的动机,是因为他们与此人维持自尊的方式各异,他们甚至无法想象怎么会有这么奇特的方式。治疗师已经习以为常被别人询问:"整天坐在那儿,听别人倾诉烦恼,你怎么受得了?"提这种问题的人也许并没有把帮助他人作为他们价值体系的核心;因此,他们根本无法想象,助人的快乐竟可以使人忍受不适感,从而一小时又一小时地倾听他人发泄强烈的消极情绪。

对于自尊来源与己不同的人,你不仅无法理解他们的英雄行为及"自我牺牲"精神,而且也无法理解他们的毁灭行为及邪恶行为。有人以表面的独立和强悍来维系自尊,这种人可能会痛打伴侣,而不是表达对同伴的需要;有人以自己对别人的绝对控制感而自豪,这种人可能宁可做出极端行为,也不愿心平气和地接受无奈的事实。蒂莫西·麦克维(Timothy McVeigh)之所以对俄克拉荷马城联邦大厦和许多无辜居民采取毁灭行为,可能并非仅仅因为众所周知的他对联邦政府的仇视,还有可能因为他认为,如果不能自行其是就会使自尊丧失殆尽。当然,对于以截然不同的方式建构自尊的人来说,他的行为的确不可理喻。

在不了解某一特定个体的自尊结构时,我们都倾向应用投射,想当然地认为:那些让我们感觉良好的事情,同样也使我们的患者感到自豪。自尊与我们对自己或他人的赞赏并理想化密切相关。然而,不同的家庭及亚文化,会对截然不同的事物进行理想化,而一旦了解人们维系自尊的理念多么迥异,不禁会令人目瞪口呆。一个女人会为自己的才识而洋洋自得,另一个女人却对那些具有"象牙塔的智力,而没有一点常识"的人嗤之以鼻。一个男人不遗余力地做一个穿着考究的人,而他的邻居却认为外表对自己毫无意义。我有一个对自己的无知毫不察觉的患者,花了整整一次访谈的时间表达她对男友性压抑行为的困惑与痛苦。她断定男友认为她缺乏吸引力;然而,除了他保守的性观念以外,他的行为所隐含的意义正好与患者的结论相反。

因为患者以前提到过,他是在信奉天主教的家庭中长大的,而且如今仍然定期去作弥撒,于是,我建议患者换一个角度去理解:"受宗教教化的影响,也许他认为婚前性行为是不道德的。""在如今这个年代,肯定没有人会这样想了!"患者惊呼。但他确实是这样想的。他的自尊有赖于他相应的行为。尽管他为女友深深吸引,然而,如果婚前就与她发生性关系,他可能无法保持良好的自我感觉。

为了了解患者的自尊,最有效的问题也许是:"你赞赏人们身上的哪些品质?"患者的回答反映出自我评价的要素。有时,直接的询问也是很有用的,例如"哪类事情令你自我感觉良好?"以及"哪类事情会令你瞧不起自己?"此外,通过以下诸如此类的问题,治疗师还可能初步了解患者的总体自尊水平:"从总体上说,你对自己和自己的生活持肯定态度呢,还是持失望和否定态度?"一旦发现治疗师能接纳并赞赏自己,即使那些以前在治疗时无法暴露自己羞耻感的患者,也常常会在治疗一开始就承认最糟糕的自我感觉。

也许我该解释一下,在对自尊的理解方面,专业的精神分析与流行文化之间存在多大的差异。流行文化对自尊的理解,可在目前对诸如地位上升、待遇提高等问题的争论中窥见一斑。对提高自尊而言,因那些微不足道的成绩而奖励和表扬人们,并不能使人产生自尊,反而让人感觉有点自欺欺人。对于廉价的赞美,我们要么会产生连自己在某种程度上也知道纯属荒唐的自我膨胀感,或者为自己尽管受到嘉奖可仍不过是个平庸之辈而暗自惭愧。常常,我们还会鄙视那些赞美者。众所周知,儿童更加欣赏要求严格而非宽厚仁慈的教师:他们知道,只有从高标准、严要求的人那儿得到的赞美才更有意义。

仅仅通过赞扬来"支持"人们的自尊,并不能真正产生和维持理性的自尊;它只能孕育幻想。如果接受者确实相信这种赞美,他/她就会为未来设立相当低的标准,以至于会错失在一个错综复杂的世界里获得肯定与成功的可能性。在精神分析的过程中,患者自尊增强的原因之一就在于,不是治疗师应该为每件事重新给予积极的肯定，而是患者暴露了许多邪恶及可耻的事，而治疗师并不回避了解那些令人厌恶的自我部分。患者已经为一个了解他/她所有缺点的人所接受，此人并不需要将他的缺点最小化或文过饰非。如果肤浅的情感支持能对患者的自尊产生实质性的作用，那么，任何拥有朋友的人都根本不需要心理治疗。

精神分析对自尊的关注

大约直到20世纪70年代，自尊才进入精神分析传统的中心舞台，当时，涌现出大量关于病态自恋（pathological narcissism）的著作与研究——病态自恋是指一种不能通过内在的价值标准理性而恒定地调节自尊的状态。治疗师发现，越来越多的患者所描述的并不是传统弗洛伊德所谓的内在冲突问题，取而代之的是，患者总是抱怨不明就里地感到空虚，活着没有意义，难以认清自己，难以接受自己，嫉妒那些被认为"拥有上述一切"或"同时拥有一切"的人。有时，这些问题在内心的重要性清晰可辨；有时，它们则被夸张的自我表现所模糊，这种自我表现类似于威海姆·雷奇（Wilhelm Reich，1933）所谓的"生殖器自恋"（phallic narcissism）。诚然，我们目前所处的这种文化——变化不断、令人眼花缭乱、全球性、流动性、重外在表现而轻内心体验、相对忽略作为个体的存在——决定了，要对"我们是谁"以及"我们为什么重要"这样的问题获得一个固定的答案，远比在那种孕育早期精神分析理论家的社会文化下困难得多。

当然，自尊问题并非于近几十年才开始研究的。在弗洛伊德早年圈子里的分析师中，关注自卑感问题的阿德勒（Adler，1927）和重视个人意志的兰克（Rank，1945），均描述了自我以及稳定的自尊对人们健康的重要性。由于弗洛伊德在人格动力学方面并不具有显著的自尊内容，因此他可能对自恋问题缺乏投情；但弗洛伊德似乎也感到，重视自尊调节也有助于理解他最感兴趣的神经症状态。

精神分析对超我的关注

经典精神分析理论,尤其在自我心理学传统中,也确实论及了自尊问题,这一点体现在超我概念中。在弗洛伊德的发展模式中,儿童通过与父母认同,尤其与他们感到最具竞争力的父(母)亲认同,来解决性与攻击欲望。"我不能拥有母亲,但是,如果我变得像父亲一样,我就可以拥有某个像母亲一样的人",这种认识将儿童从漫长而注定失败的渴望与挫折状态中拯救出来。所谓变成和养育者一样的人,意味着内化此人的价值体系,并使自尊与父母和指导性权威设置的标准相关联。在自恋作为核心关注点之前,在精神分析的著作里,可以看到大量对诸如"超我如何产生""超我在俄狄普斯前期如何受到影响"以及"超我是恰如其分还是过分苛刻"等问题的关注(Beres,1958)。此类文章常常是作者治疗抑郁症及强迫症患者时所受的启发,因为这些患者的苛刻超我使得他们很难对自己作出充分的肯定。

后来,当边缘状态引起广泛的临床兴趣时,关于一个人是否具有"整合"(integrated)的超我这个问题受到了极大的关注。所谓"整合"的超我指的是,临床观察发现大多数人似乎都有一套全面的、多少还算理性的评判自己的价值观,这些道德感像是他们人格的天性部分。因此,他们的良知和道德动机与他们的现实自我感融为一体。然而,在治疗中却看到少数被确证为具有边缘性人格结构的患者,往往在情绪好坏两极间来回徘徊。他们进入极端的"自我状态"(Kernberg,1975),完全凭自我感觉行事,对于诸如一个人想做什么与一个人的道德准则允许做什么这两者之间的冲突缺乏认识。

大多数分析师认为,个体气质与儿童期对养育者的情绪体验共同造成了这些患者的问题,养育者的行为方式使得儿童俄狄普斯期的问题无法通过认同得以解决(为了可能解决儿童"传统的"俄狄普斯期的问题,儿童的客体必须被适度理想化)。因此,这样的儿童常在感觉自己十全十美和感觉自己一无是处之间摇摆不定。他们无法获得完整的认识来审时度势地遵循适当的道德标准，从而逐渐形成他们边缘人格的结构。当然，对于他们来说，自尊的恒常性是不可能的，他们为此极度痛苦，并经常采取不顾一切的手段以重建内心的平衡感。

我们对于边缘性动力特征（borderline dynamics）的理解深受艾里克森认同理论（1968）的影响。诸如"认同危机"这样耳熟能详的术语现已成为流行词汇，以至于人们似乎都忘了，在20世纪50年代，当艾里克森提出这个概念时，它还是一个新奇的观念。正如我在第一章中所言，对于生活在狭小、稳定而亲密社会中的人们，认同几乎不是问题，因为他们以及所有他们周围的人都知道自己各自的角色定位；但是，在像我们这样人口众多、充斥着矛盾信息、瞬息万变的文化里，认同却越来越成为问题。在这样一个世界里，一个人不可能将自己的身份固定在一个稳定的角色上；目前的预测提示，在千禧年到达法定年龄的人一生平均将换六次工作！在这种情况下，一个人更需要拥有内在价值观与情感之间的连续性，这种连续性能使人感到自体稳固及可靠。在20世纪，当生活变得越来越复杂而且危机四伏时，精神分析理论越来越关注人们如何保持某种内心协调感和价值感。

人本存在主义心理治疗、自体心理学和主体间理论学派

20世纪中期，尽管有大量临床现象和理论发展，但传统精神分析著作在理解自我感（the sense of self）及自我欣赏与自我否定的交替方面，依然存在一定的空白（Menaker, 1995）。此时，代表"第三势力"的心理学家如卡尔·罗杰斯（Carl Rogers）、阿伯拉罕·马斯洛（Abraham Maslow）和高尔顿·奥尔波特（Gordon Allport），以及存在主义分析学家如维克特·弗兰克（Viktor Frankl）和罗勒·梅（Rollo May），试图填补这一空白。罗杰斯的心理治疗和整个人本主义心理治疗之所以在那个年代受到广泛的欢迎，可能源于罗杰斯对患者自尊的巧妙调和，他理解任何一个寻求心理援助的人的自我价值感有多么脆弱。在字里行间（Rogers, 1951），人们可以听见罗杰斯的怒吼，对于与他同时代的许多从事精神分析的精神科医生的缺乏人情的解释，罗

杰斯表示极度的愤慨：这些医生压根不考虑，即使（尤其是）对患者的动力学解释是正确的，可他们的干预方式也将对脆弱的患者造成极大的伤害。罗杰斯对自尊的高度重视影响了几代各种理论取向的治疗师，也许正是罗杰斯的观点，为人们理解科胡特及其他分析师的理论奠定了基础，尽管后者是用心理动力学的语言来发表类似的观点。

深受第二次世界大战灾难性事件和大屠杀的影响，存在主义取向的心理分析师开始关注个体的自我感和自尊问题。维克特·弗兰克(1969)指出，那些在战前使个体适应良好的因素，并不一定能使个体超越笼罩在集中营上空的恐惧。如布鲁纳·贝特海姆（Bruno Bettelheim），一名二战集中营的幸存者，他认为人们在适应极端环境方面存在着巨大的个体差异，并指出若要生存，维持自尊的能力远比处理性和攻击的能力重要得多。

所有这些因素，与科胡特对自恋的初步研究以及同期对婴儿和儿童早期的经验研究一起，导致了一场精神分析内部的变革，对发展理论及临床技术都进行了重新建构，以突出自体（self）的重要作用。个体认同感、确证认同的方式、关于自己究竟是谁的自我协调感、维持及恢复自尊的措施等，取代了诸如内驱力和防御之类的概念，成为精神分析的主要领域。自体心理学家和主体间理论的分析师让我们重新了解：在人类心理中，什么才是最重要的。这些理论的变化之大，与早期弗洛伊德理论相去甚远。关于自体发展，以及了解此过程的临床意义，目前存在大量研究和富有哲学寓意的争议，可以参见爱伦·法斯特（Irene Fast，1998）的"自体化"（selving）研究。

这种转变影响着精神分析主流，关于重新认识症状和综合征的论文层出不穷，作者不再从他们如何处理患者的焦虑，而是从他们如何支持患者关键的自我协调（self-continuity）及自我价值感的角度来行文。史托楼（Stolorow）于1975年发表的关于受虐狂和施虐狂的自恋功能的论文，就是一个很好的例证，而过去只从内驱力和焦虑的角度去理解这类现象。与上述发展相对应，精神分析技术也被修改，并被重新定义。主体间理论学者和自体心理学家不再注重治疗师的客观性和解释性，而是注重治疗师的主观性和投情性（Stolorow et al，1987；Wolf，1988；Rowe & MacIsaac，1989；Shane, Shane, & Gales, 1997）。随着精神分析技术的发展，治疗师开始认识到治疗期间不可避免地会伤害患者的自恋，于是他们开始思考当此事发生时，如何解决这类自尊危机。

在这个领域，大多数临床医生走在了理论家的前面。作为专业的治疗师，他很快就会发现，如果对患者的自恋性需要不敏感，要么患者再也不来，要么在投情失败后，大部分的治疗时间都花在弥补漏洞上。事实上，尽管科胡特的《自体分析》（*Analysis of the Self*）一书语言晦涩，但他的理论在20世纪70年代早期却立即为治疗师所接受，我想多半是由于他对具有正常的同情心和直觉的治疗师已经在做的事情作出了精辟的精神分析解释，这些治疗师常常公然违抗已经获得的相当严格的技术训练［尽管在很多情况下，他们也担心自己"打破常规"——我的同事斯坦雷·莫多斯奇（Stanley Moldawsky）称此为治疗师遵从自己头脑中设立的"正统宗旨"（Orthodox Committee）］。在科胡特的阐述中，治疗师一方的行为，如偶然的自我表露、接受患者的小礼物、为患者提供支持与表扬，不再是治疗的"影响参数"（parameter），也不是对治疗技术的"偏离"（deviation），而是表达治疗师尊重和理解患者的重要方式。在心理治疗领域，"首先，维护患者的自尊"，也许最好地诠释了希波克拉底医德规范"第一，不伤害患者"。

评估自尊的临床意义

心理治疗必须以多种方式关注自尊问题。首先，我们必须考虑患者的价值体系是否与我们的接近，或者至少为我们所理解，以使治疗双方能一起有效地推动治疗。第二，作为治疗师，我们必须充分维护患者的自我价值感，以使治疗能够继续；我们必须知道如何委婉地表达我们的观点，从而将对患者自尊的伤害控制在最低程度。第三，当患者的自尊基础显然不合现实且适应不良时，我们必须解决如何帮助他们改变自我评价方式这个难题。第四，当患者从小缺乏内在的标准引导他们的自尊行为时，我们常常必须先帮助他们明确并清楚地表达自己的价值观。第五，我们必须清楚，如何治疗那些通过伤害别人来增强自尊的患者。下面我就开始一一讨论这些问题。

患者的自尊要素有可能使我对他/她的治疗有效吗？

在参加治疗师培训时，我们多数人都被告知，我们应该能治疗任何人，或者至少应该去治疗我们能治疗的任何人。然而，几年的临床实践就足以让我们多数人认识到，我们擅长帮助哪种人，又应该转诊哪种人。例如，在我的同事中，某些人乐于治疗创伤事件的受害者，而其他人却根本不接纳这类患者。某些治疗师能干劲十足地面对边缘型人格障碍患者的强烈情绪，而其他治疗师却无法忍受这类患者所发泄的疾风暴雨式的情绪。在我的治疗师朋友中，某些人尤其擅长并喜欢治疗精神分裂样患者、情绪发育迟缓者、学习困难者和老年患者，而其他的同事则无法想象如何治疗这类病人。这种偏好并不仅仅反映出培训经历和技术优势的差异，还反映出治疗师人格的主要特征，最重要的是，反映了治疗师为满足不同个体维护和恢复自尊的需要而采取的方式千差万别。

几年前我治疗过一位社会工作者，她在帮助那些治疗师并不很感兴趣的严重智力发育迟缓患者方面极具天赋。我们共同认识到，她从事这一工作的使命感源于她有缺陷的自尊，因为无法与严重抑郁并酗酒的母亲相处，她的自尊受到伤害。通过帮助一群几乎所有人都认为"没有希望"的患者，她逐渐修复童年期的无能感，并治疗受到伤害的自尊。我在调查利他行为时研究过一位妇女，她将帮助犯罪的精神患者作为自己的职业，这一人群对我们大多数人不仅没有吸引力，而且还有危险。她的自尊结构反映出她与父亲的认同，她的父亲是一名虔诚的卫理公会教牧师，反复强调耶稣的教导："你们帮助我这些最卑微的兄弟中的任何一个人，你们就是在帮助我"（马太福音25：40）。她从工作中获得了极大的满足，患者都爱戴她。

如果我们承认，心理治疗过程中的情感动力为治疗师本人提供了一个支持并恢复自尊的机会，我们就能理解，当治疗师遇上某个患者的自恋性质与自己的截然不同时，治疗可能会带来多大的问题。例如，许多精神分析师在治疗精神病患者时，无法感觉舒服，疗效亦不显著。治疗师的自尊往往源于他们充满爱的行为；他们会为了真诚待人而宁可抵御自己的一些自然反应和放弃某些经济利益。与那些蔑视真诚和依恋以权力和财富来获得自我肯定感的人相处，治疗师会深感不安。如果感到自己在情感上疏远或蔑视某人，治疗师就无法对其进行有效治疗。因此，如果在自己的自尊体系中无法找到与权力相关的部分，那么，治疗师最好不要接纳反社会患者。同理，由于自恋患者有一种为了给人留下深刻印象而不惜一切代价的需要，而这种需要会冲击治疗师本人深层的自我评价标准，或者会使治疗师潜意识里对自己未意识到的自恋感到羞愧，因此，许多治疗师回避那些自我功能障碍者。

　　治疗师是否应该接受一个价值观及信念与自己截然不同的患者这个问题，不仅仅由患者的异常心理类型决定。一个为自己鄙视宗教情感而得意的治疗师，不应该试图治疗一个以感到与上帝的亲密而保持自尊的患者。治疗师若认为性忠贞是一条首要的价值标准，他将发现很难理解并欣赏一个因不断通过性行为征服异性而获得自尊的患者。一个因自己的低价收费而满足自恋的治疗师，确实不适合一个只有赚大钱才能满足自恋的患者。

　　之所以有必要考虑上述因素，并不仅仅因为当治疗师和患者大相径庭时，治疗师无法对患者产生投情。当治疗双方的自尊要素明显不同时，患者对治疗师的认同能力和利用治疗作用的能力也会削弱——不管治疗师是否感到难以接受患者的价值观。让我以自己为例来说明这个问题。我的收费标准一贯处于中等水平，而我还常为一定量的患者提供低价服务。由于我在家里开业、开支较少而且我先生收入颇丰，所以这种设置对于我来说是可行的。这也反映出我来自一个经济宽裕的家庭，在我的成长中从未为钱发过愁。但最重要的是，它表明我并不愿意将自己的治疗对象局限于中上

层阶级和较富有的患者。也许与我成年于繁荣和理想的20世纪60年代有关，不过分贪婪、不崇尚拜金主义、不放过帮助边缘及弱势群体的机会（我的某些较愤世嫉俗的朋友和同事对此揶揄为受虐倾向；如果他们真的这样认为，那可真是无可救药）。

然而，对于我来说，要理解钱对于某个既往及当前状况均与我各异的患者的自尊可能有多重要，这并不难。因为我很想表现得慷慨大方，所以我也需要有钱。对那些喜欢攒钱的患者产生投情，对我来说并不苛刻。所以，我并不认为接受经济动机比我更强的人作为治疗对象会有什么困难。但是，我发现他们接受我的治疗竟然感到有困难！他们设想，我中等水平的收费标准意味着我可能能力平平，或我的服务只能这样物有所值，或我不可理喻地自作自受，或是我对追求金钱不屑一顾。最后，我决定，我应该向那些将个人价值与金钱价值紧密联系的患者收取高额治疗费（这的确不是一个令人痛苦的决定），或者将这类患者转诊给那些无论是收费标准，还是汽车、诊室都更为华贵的治疗师。

换句话说，我不得不接受这样的事实：某些患者很难看出，我的收费标准是为了表明我们之间的差异只是单纯的差异，不应成为问题。然而，起初他们的反应让我感到吃惊，尤其因为我本设想，他们会为节省了一些费用而高兴；通过反思，他们的态度对我而言很有意义。因为支持我们各自自我意象的方式存在着很大差异，看重经济取向的患者不可避免地会通过贬低我来维护他自己的骄傲，或者相反，他会将我理想化为视金钱如粪土，随之而来的副作用是患者感到在道德上低人一等。这并不是一种良好的情绪状态，以这种状态开始治疗合作是很不利的。

对私人医生收费标准的研究（Lasky，1984；Liss-Levinson，1990）表明我的收费习惯及理念为女性治疗师所特有。男女治疗师在自定的收费标准方面存在着有趣的差异，有些人为此而惋惜，认为这暗示大多数女治疗师的自尊比她们的男同事弱——换句话说，如果女治疗师自我感觉良好，她们就会与男治疗师的收费一样高。我宁愿根据女性的情感现实与沿袭的自尊模式结构来理解这种性别差异。虽然做了普遍被认为有价值的工作,但女性常无法因此得到工作稿酬。即使是雄心勃勃、高收入的女性,如果为了抚养孩子而减少工作或休假,也只能用非金钱的标准来评价自己,否则就会感到长期抑郁。我相信关于性别和收费设定的数据表明,大多数女性治疗师并不会自我贬低,只是她们的自尊与收入的关系不如许多男性那样紧密(Liss-Levinson,1990)。

治疗师的情感压力使他们难以顺利地开展心理治疗。在理想状况下,对于决定我们的工作性质,我们拥有足够的职业自主权。当理想状况并未普及时,我们能做的就是自觉完善我们的工作。在精神分析领域,之所以设立受培训人必须被分析这一久负盛名的惯例,理由之一就是,此过程使治疗师学习认识自己的人格及自尊结构。在分析过程中,合于道德、遵纪守法的人学会认识自身存在的犯罪倾向;慷慨的人看到自己的贪婪;性保守的人发现自己的淫欲;崇尚诚实的人开始面对他们的自欺及嫁祸于人。理解别人如何将重要的自尊与现实态度联系起来并不十分费力,那些现实态度在个人自己的舞台上充当着突出的角色。即使没有深入的治疗,治疗师也能试图接触到患者否认的自我部分,这样做的好处是,随着每一次艰难赢得的内省,治疗师所能帮助的患者范围也随之扩大。

如何既能向患者提供有用的信息,又不伤害他们的自尊?

因为治疗师所说的许多事情天生具有伤害性,所以,他/她必须找到维护患者自尊的干预方式。当被人告知我们具有的、但原先一无所知的事时,我们至少都会感到不舒服。我们希望了解事实,可是由别人来告诉自己难免有些感到丢脸。因此,每一次心理治疗的解释都是对患者自恋的一次伤害。在训练治疗艺术时,焦点应该是如何传达患者为了改变而需要了解的信息,同时又将对他/她自尊的伤害降到最低。这种技巧通常被称为策略(Greenson,1967),但是,笼统的策略并不足以保护某些患者的情感,对于支持及破坏他们自尊的因素,治疗师必须有更为清楚的认识。

经典精神分析技术提出，在任何可能的情况下，都应该由患者自己去获得内省，由患者自己从他／她的自由联想、梦和移情反应中得到答案（Strachey, 1934；Fenichel, 1945）。分析师所做的应该仅限于消除患者的阻抗，因为，阻抗使患者对自我的了解一直处于警戒状态，无法呈现于意识层面。设立这一准则的理由在于，强调观察，使分析师不太可能把来自于自己的思想牵强地赋于患者体验的材料之上。在一个引导得当的分析中，治疗双方有时都会对患者潜意识层面浮现出来的东西大吃一惊（Reik, 1948）。但是，关于这种经典精神分析技术的地位，有一个很少被人讨论的解释，那就是这一技术保护了患者的自尊。当患者出现自我领悟时，自恋即增强，这弥补了患者因接受别人来告诉自己原先就具有的事而导致的自恋损伤。

通过提高治疗师的一致性和投情（Wolf, 1988；Shane et al., 1997），自体心理学取向的治疗师在维护患者自尊方面比经典分析师做得更深入、更彻底。当治疗师发现越来越多的患者不能忍受传统的阻抗分析及暴露否认的冲突时，自体心理学应运而生，这并非纯属偶然。当希望自己所做的评论能令患者感到被关心、被支持，而实际上患者对此却如同受到残忍的批评时，所有治疗师都将会感到震惊。这种现象在具有自恋性和边缘性心理的患者身上尤为显著；事实上，此类反应已越来越被广泛地理解为自恋性和边缘性心理的诊断指标。在20世纪的后半期，具有这类问题的患者人数似乎正不断增长——或者至少他们越来越频繁地来看治疗师（如我所言，当代文化的许多方面使人完全能够理解这一现象）。当被告知自己尚未察觉的、关于自己的某件事情时，神经症患者也会感到痛苦，然而，一旦他们将之理解为治疗师愿意帮助自己，痛苦就会随之缓解。与神经症患者不同，边缘性和自恋性患者只会感觉受到治疗师的攻击。因此，许多最新的技术文献论及这一问题时，总是提出一些建议，譬如如何减轻患者感到受到严厉批评的感受，如何维护患者的自尊以及在治疗师努力理解和帮助患者的过程中，若不可避免地伤害了患者的自尊，如何修复。

在20世纪后期，精神分析理论发生了显著的变化，即由治疗师单方努力转为医患双方共同努力（Aron，1990；Mitchell & Black，1995），这种转变，部分是由对自尊问题的临床关注所激发的。当分析师不再扮演观看患者"题材"的客观局外人，不再只充当接受患者的投射的对象而是承认自己参与并影响了医患之间所发生的一切时，患者的心理负担就会减轻，不再为治疗关系之间发生的事情感到过度羞耻。主体间理论学家之所以如此重视医患双方共同建构移情及两人间的互动，原因之一在于，如果治疗师承担起治疗过程中出现的困难情感状态的责任，患者自尊受损的可能就会显著降低。

除了自体心理学和主体间理论阵营所提出的技术建议，对于需要将可能有用的信息转告患者而又希望不伤害其自尊的治疗师而言，还有许多有益的措施可以应用。关于支持性心理治疗（Pinsker，1997）、对边缘性和自恋性患者的治疗（Meissner，1984；Kernberg, Selzer, Koenigsberg, Carr, & Appelbaum，1989）及对物质滥用患者的治疗（Levin，1987；Richards，1993）等方面的最新著作提出了许多关于治疗师如何既推动患者改变，同时又将对其伤害降至最低的想法。罗伦斯·乔斯夫（Lawrence Josephs，1995）的《投情与解释的平衡》（*Balancing Empathy and Interpretation*）一书，提出了一个特别值得讨论的技术挑战问题，这也是每一个试图帮助既具有人格异常又具有脆弱自尊的患者的治疗师都将面临的问题。最后，休·艾卡德（Sue Elkind，1992）写了一本颇有价值的书，该书论述了当治疗双方因受伤情绪产生僵局时，如何对治疗进行督导的过程。

除了向读者介绍诸如此类的读物，让我再举例说明在评估某个具有严重自尊问题的患者时会遇到的技术过程。向一个明显自恋性脆弱的患者传达可能有伤害但绝对重要的信息，有一个办法就是，对干预措施进行包装，使患者感觉不仅受到批评，还受到赞美性的认可。此类评论必须真诚中肯，而不能空洞无物并随意捏造，通常，治疗师很容易发现患者身上确实值得表扬的地方。例如，我经常发现自己这样对患者说："你是个非常有趣的人，一方面你如此成功而且口齿伶俐，另一方面，你对某些情况却完全不知所然。"或者"如果我在社交场合遇到你，我绝对想不到你有多么焦虑。你的外显行为非常自信，惟一让我知道你忍受着多大恐惧的途径就是：你告诉了我。"此类话语的目的就是消除患者的羞愧，避免即使充满同情且非常巧妙的旁观评述也可能造成的伤害，如"你有时会不知所措"或者"焦虑是你的一个大问题"。

在此类干预中，了解患者的自尊建立在何种特定的基础之上是非常有用的。一位因聪明而自豪的妇女，如果同时认可她的才智，她就能接受治疗师对自己缺点的关注（"作为一个如此高智商的人，无法仅凭理智解决这些情感难题，你一定感到很泄气吧"）。一位需要认为自己具有微妙、细腻情感的男士，如果他的敏感特质在治疗过程中得到明确认可，他常常就能坦然地承认对自己的不幸负有责任（"这样的婚姻问题对于一个不怎么敏感的人来说也许并不算烦恼，但却是你必须面对的问题"）。因此，评估何种因素支持特定患者的自尊，对于选择治疗技术具有非常具体而实际的意义。

如何才能纠正患者适应不良的自尊模式？

通常，一个人来寻求治疗的原因，涉及他/她无法舍弃形成自尊的温床，尽管生活环境已经不再给这一温床添加养料。我们都非常熟悉前任足球英雄，他退役后没能将自己转向其他仍可感觉自己重要的行业，而只是借酒浇愁，以此缅怀他的辉煌岁月，而这样只会使他片刻陶醉，却不可能找回足球生涯所带来的荣誉和成就感。另一个具有一定现实基础的文化现象是关于美女的，以前的美女，由于她的自尊完全源于年轻时的美貌与魅力，因此随着年龄增长，她因年老色衰而陷于抑郁与吸毒之中难以自拔。有时，作为治疗师，我们知道应采取预防性措施以扩展患者的自尊源泉，以便他/她即使不再是天真无邪的少女，或蒸蒸日上、前程似锦的年轻人，或运动能手，或性感女郎，也能找到其他更为持久的自豪源泉。

有时，仅仅生活变故就能破坏一个人用以感到积极自尊的有效措施。我治疗过一个妇女，她的既往史促使她将自尊牢牢系于极端的助人与真诚。她的母亲出生于一个经济拮据并有几个子女的家庭，依据其智力，被认定为将来要上大学的孩子之一。后来,她却怀上了女儿——我的患者。家人商议由患者母亲的姐姐来抚养孩子以解决这一问题,因为这位姨妈被视为不太聪明。接着,为了给孩子提供一个完整的家庭,姨妈很快就结婚了。在孩提时代,这位女患者就敏锐地感到,她的存在为生母制造了麻烦,然后又给姨妈增添了负担。此外,姨妈及姨父一直对后来相继出生的自己的孩子们隐瞒她的身世(称她是自己的孩子),从而令患者感觉这是个难以启齿的秘密。因此,不求回报地照顾别人,努力证明自己来到这个世上是一种贡献而不是浪费,就成了她的自尊核心。

这种解决童年冲突的方法一直到她五十多岁时还相当奏效。她是慈爱的母亲、可信的邻居、真诚的朋友,而最能说明问题的是,她还是所在公司的模范员工。对于自己的大部分成年生活,她自我感觉相当满意。然而,当她来找我治疗时,试图与新老板搞好关系的压力事实上已令她心力交瘁。她感到疲惫、绝望,并出现伴心绞痛及心悸的惊恐发作,已有两位医生认为这可能预示或导致心脏病。她兢兢业业工作了近30年,却赶上了公司裁员,公司派了一位大刀阔斧、不讲情面的女人来驱赶薪水最高的员工(这不是她对自身处境的妄想解释;通过其他途径,我了解到,这的确是实情)。她的新上司不断挑剔她所做的每一件事,而且她工作越卖力,她的上司就越吹毛求疵。证明其价值的老办法对于想改变将她扫地出门的事实根本不起作用,而她又无法将自尊的立足点转向其他应对方式——如消极怠工、诉诸工会、起诉公司或者干脆另找一份更好的工作。她只会继续更加拼命地工作。治疗的主要挑战在于,帮助她在其他领域找到自尊,无须牺牲自己来满足上司无情贪婪的要求。

这名患者有一种像自我牺牲的人格结构,只要她生活中的权威人物多少有点仁慈之心,这种特质并不会给她带来问题。正如人们求治时常见的那样,命运偏偏没有垂青于她,此时,惯用的防御方式对她解决问题没有任何帮助的。除了了解其中所涉及的防御方式,要理解这种自我损害的人格特征,还有另一种方法,即根据其自尊需求:天生具有受虐倾向的人会为自牺牲和关心他人而自豪。同样，大多数人格障碍都能以追求自尊的某种方式来加以描述。例如，心理异常者为兴奋和权力而精神抖擞；自恋患者因他人的肯定和赞赏而心情愉快；精神分裂症患者雄心勃勃地追求创造真实性；抑郁症患者渴望得到别人的基本认可，并亲近他人；强迫症患者则寻求一种控制感。

个体将自尊仅仅维系于一个方面是非常危险的，尤其在一个瞬息万变的世界。在治疗人格僵化的患者时，临床医生会凭直觉或下意识地设法扩展患者获取自尊的评判标准。因此，我们试图使反社会患者能为诚实而自豪，使自恋患者能关注自己的心声，使精神分裂症患者乐于容忍社会的世态炎凉，使抑郁症患者能尝试去表达愤怒，使受虐患者能够享受自作主张的乐趣，使强迫症患者为渐渐能顺其自然而心满意足。我们竭尽所能，为的是使患者意识到，他们完全能够接受与自我评价的主要方式截然不同的态度。更有甚者，我们还试图帮助他们为这些意愿而快乐并自豪（Silverman，1984；Hammer，1990）。

这并不容易。当一个人的核心处世原则受到挑战时，他／她更有可能认为治疗师道德败坏，也不愿考虑让自己变得更加灵活。对患者已经内化的标准进行置疑，无异于批评其早年敬爱客体，因为患者正是吸收了他们的观念，如果让患者在心理上与这些内化的客体分离越远，就越会令其产生怪异甚至危险的感觉。为了建议患者如何扩展其获取自尊的途径，治疗师往往不得不首先对其采用惯常的方法以获得自豪感、避免羞耻感所付出的努力表示深深的理解。"感到一切尽在掌握中，对你来说似乎相当重要"或者"当不被理解时，你似乎感到一种毁灭性的打击"，这些都是治疗师表达对患者自尊体系的理解时可以采用的评论方式。即使在如此简单的反馈中，也潜藏着含蓄的信息："可能无须这么多的控制，你依然感觉很棒"以及"你可能很快就会从不被认可的失望中恢复过来"。以弗洛伊德结构理论的术语来说，患者正被鼓励改变与超我协调的某种观念，使其与超我逐渐不协调。尽管，要使患者比较客观地认识自己特有的自尊机制，必须经过一个漫长的过程，但是，成功治疗最积极的结果之一就是，形成一种能从多方获取的、更为灵活的自尊。

临床上常常遇到的是抑郁症患者，他/她认为只有"美好"的思想和"美好"的情感才能成为其自尊的条件。"那不是很可怕吗？"这种患者在坦白诸如希望婆婆暴毙之类极为平常的罪恶思想后，会这样问。在这种情况下，治疗师不得不对患者进行相当具有挑衅性的教育：情感和思想不会伤害任何人；具有敌对态度是很正常的；惟一理性的自我判断应依据行为，而不是主观思想；如果我们均以隐秘而瞬时的愿望来评判自己，那么地狱里早就人满为患了。

此外，治疗师以一种揶揄的口吻挑战患者的超我也是有益的："噢，我忘了，你'好'得竟不会对令你厌恶的人抱有敌意。"这有时会激起患者的愤怒——不是一件坏事。治疗师欢迎患者的愤怒反应，这种做法让患者有机会认识：表达消极情绪也可能使关系更为亲密，而且真实比"美好"让人感觉更舒服，并不一定会遭到拒绝。患者也许会感觉受到攻击，但必须注意，受到攻击的并不是他/她整个人，而是他/她忽视自我的倾向。对抑郁症患者，这种挑战似乎比肯定性反馈和单纯的教育更有效得多。一旦双方建立了良好的治疗关系，当发现某人感觉自尊的标准不合常理时，治疗师对此标准稍带讥讽性的置疑，可能会收到出乎意料的治疗效果。

如何帮助患者产生理性的自尊依据?

几十年来，分析师们已经注意到，缓和过分热忱的超我比激励软弱的超我更为容易。随着时间的流逝，自尊源于不合现实的、过分苛求的内在道德标准的患者，能渐渐被引导为不过分苛求自己。他们会逐渐认同治疗师对他们非评判性的关注。通过认识自己严格评判标准的幼稚及"全或无"特点，他们也许会变柔和。他们也许会重新组织自尊结构，使其在某些领域变得较温和，而在其他领域则补偿性地变本加厉——例如，在精神分析治疗中，许多患者为自己更诚实而自豪以此来消除因承认"自私"而必然产生的自恋损伤。另一方面，当患者的自尊源于瞬时愉悦与兴奋，或者源于挫败权威，或者源于大肆指责他人时，治疗师就很难帮助其将对自尊的追求转向寻求更为持久的自我关怀。治疗自恋取向及冲动患者的困难在于：他们自我感觉良好的方式是极端令人不满且对自己不利的，然而，他们也无法想象会有其他追求快乐的方式。

　　为了追求满意的生活，"只要感觉好，就去做"并不是一个长期有效的良方。社会上的许多人，也许都忙于追求《独立宣言》所担保的那种幸福，他们相信，只要获得足够的他们想要的东西，他们就会感觉良好。事实上，精神分析研究的重大发现之一就是，我们的欲望既永无止境，又相互矛盾。这意味着，因为我们永远不会"足够"，所以对生活感到满意的方式并非通过积累（物质、体验或声望），而满足于享受我们现在所拥有的才是人生快乐之本。这并不等于用清教徒式的偏见看事情，延迟满足的能力自有它的好处。拒绝某种我们认为可能在道德上于己不利的东西，比追求一时的刺激所产生的自尊更为持久。

　　在缺乏内在资源的情况下，努力从外界获得自尊，就成了患者的生活方向，而它注定患者会采取一连串徒劳的冒险，而不可能获得持久的情感满足和自豪感。在某种程度上，患者自己也很清楚这一点。具有自恋性人格的人有可能于40或40岁以后寻求治疗，此时，他们开始为自己徒劳一场来建构物质生活而感到空虚。即使是反社会患者，如果他们能闯过莽撞的青年期，也可成为基本上能遵纪守法的公民。著名的十二步骤治疗法，暗示人们已经普遍认可了这一事实，即若没有内化一个道德权威的形象，一个人不可能从冲动、鲁莽变得自我控制。

　　由于具有自恋性人格的人对批评过于敏感，所以治疗师很难向他们建议采用不同于他们已经用以避免羞耻并感到自豪的其他方法。当患者告诉治疗师，因为再也不想工作，所以他不打招呼就把工作辞了，此时，治疗师下面的回答为向患者提出建议播下了一粒种子："那也许令你感觉良好。但是，你的自尊怎么办？如果再坚持工作一段时间，会不会自我感觉更好呢?"注意:治疗师将自我评价的问题交由患者自己掌握,而不是直接批评此人的行为。

如何重新引导患者的自尊以减少对他人的伤害?

某些具有较严重的自恋性异常的人、多数精神病患者以及多数瘾君子(各种类型),不仅毁坏了自己美好生活的前景,而且还给他人带来伤害。帮助这一类人在社会允许的领域找到自尊源泉,是治疗师工作的一部分。例如,认知行为治疗师试图通过愤怒控制训练、投情训练等项目达到这一目的。从精神分析治疗的观点来看,此类治疗的价值不仅在于控制不良行为,而且还创造了一种氛围,在此,患者愿意认同以往从未被有效传达过的自尊价值和标准,即治疗应该导致调节自尊的内在结构得到纠正。

十二步骤治疗法能成功,而传统治疗却不起作用,也许部分归功于前者提供了一套明确的价值观及自尊支持的基础,而这正是有些人在发展历史中所缺乏的。在传统心理治疗中,临床医生尽量不把自己的价值观强加于患者——这种姿态对于那些拥有可靠价值观的患者是有利的,但是,对于那些缺乏可靠价值观的患者而言,则无异于渎职。宗教膜拜和严格的教派对许多人具有吸引力,这也证实,许多失去方向的个体渴望有一种清晰而权威的声明,能界定好与坏,能指明什么事会使人自我感觉良好,而什么事会构成罪恶或违背社会信念。

在个别治疗中,对于伤害他人的自愿求医者来说,治疗师应试图重新将某人引向社会允许的方面。这是一件需要技巧的工作。对于精神病患者,将其绝对权力的动力学特征转变为更温和的自恋性特征,就是了不起的成功;例如,患者将自尊的基础从不惜一切代价获得权力感,转变为使自己看上去对社会有利。我曾治疗过的一位男士,在结束长期的毒贩生涯后来寻求治疗。通过参加宗教团体,他能改变根深蒂固的破坏模式,他在那儿对以往罪恶的生活进行忏悔,并由于悔过行为而赢得众人的钦佩。他发现在非黑社会文化中的新地位令自己如此满意——就更不用与以前可能使他锒铛入狱的生活方式相比了——以至于他能保持合理的亲社会行为。

需要说明的是，与通过英雄式的自我牺牲才可获得自尊的患者相比，治疗师对于具有"即刻满足取向"（immediate-gratification-oriented）的患者必须要有耐心，要循序渐进。建立自尊内在源泉的努力，有可能遭到物质滥用者、冲动驱使者或者反社会者的断然拒绝，因为他们会将之当作说教和指责，当然这并不是完全没有理由的。或者，当治疗师的干预没有遭到拒绝时，患者可能会体验到强烈的羞耻感，以至于逃离治疗而不愿忍受再次的羞辱。当明确地表达对良好行为的真诚赞赏时，治疗师不应该羞羞答答，而对道德沦丧者愤世嫉俗地看待世界，治疗师也应报以投情。治疗师应该把焦点放在具体事情上，例如，患者是否具有控制力，他／她是否敢于冒险被看做软弱或愚蠢，不良行为是否会复发而不断困扰患者。否则，治疗师自己因道德高尚而引以自豪的态度，再加之对患者蓄意恶作剧表现出逼真的镇静自若，最终将会使治疗一筹莫展。

小　　结

在本章，我强调了自尊的个体差异：自尊如何维持和修复，自尊有多少可信度，支撑自尊的标准有多少理性又有多少社会价值。继而，回顾了关于自尊问题的精神分析观点，从关于超我形成的经典理论，一直到现代在双人治疗领域对自尊命运的重视。然后，强调了理解患者特有自恋机制的意义，并探究了几个有赖于此类理解的临床问题。包括：如何将特定患者与特定治疗师进行匹配，治疗性交流如何才能最低程度地伤害患者的自尊，如何纠正获得自尊的不良方式，如何治疗缺乏获得持久自我满足体验的内在依据的患者以及如何减少以他人痛苦为代价而换取自尊的患者所导致的破坏性。

第 十 章
病态信念的评估

尽管精神分析师主要关注内驱力和情绪,但是精神分析理论还是很注重体验的认知维度,特别是在潜意识水平的认知维度。如果精神分析理论不是把思维方式看做认识个体性格和精神异常的核心内容,那么,精神分析技术决不会这么强调解释和使潜意识内容意识化的重要性。弗洛伊德最初的理论模式(Freud,1911)假设,除了原始的内驱力以及情感之外,在人的潜意识水平还存在着一种所谓"原始的思维过程"(primary process thought),它是在我们的语言形成之前,最初用来理解世界的主要途径,这种理解途径也会不同程度地残留于成人思维过程中。弗洛伊德认为,这种原始的认知模式以自我为中心,缺乏理性和逻辑并受欲念的驱动,也就是说那是一种以享乐为原则而不以现实为原则的认知模式。皮亚杰的一些著作*这样有趣地

---

*弗洛伊德的理论对于皮亚杰(Piaget)的认知发展理论模型可能有一些直接的影响,这个模型在瓦解狭隘的行为主义学家在学院派心理学中的核心地位起了重要作用,而且,为目前占主导地位的认知行为理论的发展打下了基础。皮亚杰接受过塞宾娜·斯皮尔伦(Sabina Spielrein)的精神分析治疗,她是一位住院患者,曾被认为是荣格的情人(Carotenuto,1983;Kerr,1993),并且还是弗洛伊德的学生和同事,很可能弗洛伊德最初关于死亡本能的理论来自于她的观点。可惜这个杰出而又富有创造力的女人在1941年被纳粹杀害了。我们只能通过她遗留下的日记和一些信件,了解她在早期的精神分析发展运动中所扮演的复杂角色。

描述：弗洛伊德不仅强调"原始的思维过程"的象征性与形象性，同时，他还强调其幻想性和满足欲念的性质。弗洛伊德之所以使维多利亚时代的人们感到沮丧，不仅仅在于他宣称儿童也有性欲，还在于他得出这样的结论，认为不管我们有多么"文明"，接受过多么高的教育，这种以自我为中心的原始思维方式的残迹仍将继续存在于我们的潜意识里，并且以比我们所愿意想象的多得多地控制着我们的行为。

除了提出一些共同的认知过程，弗洛伊德还谈到内部信念的个体差异以及内部信念与人们特殊的心理状态之间的关系。例如，在他的论文《在精神分析工作中遇到的一些性格类型》(Some Character-Types Met with in Psycho-Analytic Work, 1916)中，他强调了潜意识信念的决定性作用。当提到某个人自认为能控制他人的规则对自己不一定"行之有效"时，弗洛伊德指出，这种人自认为自己受到特别神灵的保护。弗洛伊德解释道：这种意愿产生的原因可比喻为"婴儿期由于奶妈意外的传染，使他大病一场，以后，他就毕其一生索求赔偿，但在意识范畴内对自己为什么要索赔却一无所知"(p.313)。在描述另一类他称之为"负罪感导致的罪犯"时，弗洛伊德进行了同样的认知解释，他认为有些人之所以犯罪，潜意识里是为了使自己与那个认为自己违纪犯法的先存信念保持一致。

病态信念的本质与功能

在当代精神分析治疗的著者和研究者中，最重视潜意识病态信念的人要属约瑟夫·威斯（Joseph Weiss）、哈罗德·塞普森（Harold Sampson）以及旧金山心理治疗研究小组（Weiss et al., 1986；Weiss, 1993）。他们这种重视潜意识病态信念的理论取向最初被称为"控制－掌握理论"（control-mastery theory），这些研究人员通过对成功的心理治疗的实验调查发现，理解患者的核心病态信念以及把患者参与治疗理解成为驳斥自己病态信念的决心，是治疗取得进步的一个重要原因。塞普森、威斯及其同事们强调，我们所有人都存在系统的信念，这种信念通常存在于潜意识水平，往往指导我们去自我实现。如果一个人具有适应良好的内部信念，那么他就有机会幸运地生活在满意之中。但是，如果一个人的内部信念强调的是自我贬低、或徒劳无功、或躲避亲近、或背信弃义等等，那么，这个人除非得到了良好的治疗，否则注定要反复遭受痛苦。

当代的精神分析理论如此重视认知，提示精神分析与认知行为疗法两者有可能出现振奋人心的和解。威尔玛·布西（Wilma Bucci，1997）就是这个领域杰出的研究人员之一，她最近为我们期望在理论层面上把认知科学和精神分析思想进行实验性的彻底整合提供了理由。如先前提到的，艾伦·斯科（Allen Schore，1994）的工作也提示这种整合具有神经生物学方面的基础。在临床上，整合各种心理治疗的强烈呼声由来已久（Wachtel，1977；Arkowitz & Messer，1984）。近来，理论与技术的互相渗透也反映了对认知的共同兴趣，这些兴趣使精神分析师与认知行为治疗师产生联合。人们通常没有注意到，阿尔波特·艾利斯（Albert Ellis）、艾伦·贝克（Aaron Beck）及其他一些认知治疗先驱和弗洛伊德一样，都强调个体的非理性信念在精神疾病产生和维持中的作用。根据他们的观点，治疗师的主要工作就是向患者的这些非理性信念提出质疑。他们不同于弗洛伊德和其他精神分析治疗师的观点之处在于，他们认为没有必要对这些不良信念作出动力的、潜意识的假设并推论病理信念建筑其上；他们认为，治疗师无须对潜意识这一心理结构作出推测，照样能够引出和处理这些非理性信念。

让我倍受鼓舞的是，当代一些杰出的认知行为主义学家（Barlow，1998）已经指出，最近在大脑影像学方面取得的成果，证实了潜意识过程的存在，并且这种潜意识过程在理解认知时必须加以考虑。然而，一想到个体心理治疗师将成为精神分析和认知行为两学派的老到的整合者，不免发人深省：令人遗憾的是，要成为一名娴熟而具备深厚专业功底的任一学派心理治疗师，本身就是一个长期而艰苦的过程，很少有人能同时掌握两种心理治疗取向的庞大知识体系。治疗师个人的气质类型、参加治疗训练的机遇以及在任一心理治疗中有效或无效的经历，都可能使一个治疗师选择一种更感兴趣的治疗方法。而且，认知行为治疗和精神分析治疗各自包含着某些不容忽视的重点和假设上的差异（Messer & Winokur，1980；Arkowitz & Messer，1984）。尽管如此，如果不同取向的治疗师能够对心理治疗中存在的一些共同立场有所认识，那么这将极大地丰富我们的治疗领域。

系统家庭治疗在理解精神疾病时同样也假定潜意识信念的作用。家庭治疗师不仅要洞悉个体的潜意识信念，而且同时还要识别家庭现象（family myth）中的潜意识信念。诸如"如果我太独立，妈妈将会气死"或"为了不让父母打架，我不得不生病"之类的想法，典型地代表了处于家庭系统中的先证患者内心最深层的信念。还有一些更为普遍的想法，如"如果有人与家庭格格不入，那么家里所有人都将受其所累"，这种想法可能使先证患者成为整个家庭的替罪羊，并让整个家庭关系陷入适应不良的困境。各种派别的系统取向的家庭治疗师已经发展出许多的干预技术用来驳斥这些信念，从而提高家庭的适应能力、促进家庭的健康成长。同大多数认知行为治疗师一样，家庭治疗师与精神分析治疗师相比，他们对非理性信念是否存在自身的动力潜意识以及它们能否进入到意识层面等问题缺乏兴趣。他们指出，如果非理性信念能够通过一些新的体验被改变，那么家庭便会在治疗中取得进步。

当然，大多数人核心的病态信念倒不一定是潜意识的，但却一定是自我协调的。许多患者毫不迟疑地说得出他们的系统假设（如"人是不可信任的""所有男人都是畜牲""任何事，只要我一插手就变得一团糟""没有人真正地关心他人"）。他们对此深信不疑，因此当治疗师对他们的这种假设提出疑问时，他们便会急于证明他们的这种假设是正确的，并且努力使治疗师相信它们的合理性。所有的治疗师都有过这样的体会，患者对某些信念坚信不移（如"你似乎认为自己根本就不值得在这个世界上占有一席之地"或"听起来，你对任何权威，不管他们是什么职位，都感到强烈不满"），并常常回答:"当然!"——好像治疗师是个白痴,了解这样明摆着的事实也要花费这么长的时间。

保留在潜意识水平的有时并不是信念本身,而是最初产生这种信念的人际情景。根据我已有的观察,我认为患者往往要到理解了非理性信念的来源以及这种信念如何被用来保护自己免受不复存在的危险(或随后更大的危险)时,才有可能改变这些病态信念。弗洛伊德的那个受特别神灵保护的、把自己看成是例外的年轻患者,可能会告诉弗洛伊德或任何其他研究者,他觉得自己受到神的特别保佑。而他没有意识到的是,这只是他童年期的信念,认为自己之所以受到保护,原因在于他已经忍受过了上帝摊给他的那份痛苦,所以他理应受到特别保佑。这种童年时的非理性信念构成了他避免担心健康的极好方法(这种健康焦虑来自于他早年的传染病)。可以设想,一旦他成熟的思想领会到这种想法的起源和这种想法毫无道理,便能开始告别认为自己拥有特权的信念。

在这里我想强调指出,我们经常所谓的"非理性"信念,在儿童最初产生时并不是非理性的。年幼的儿童不可避免地以自我为中心,他们对世界的认识非常狭窄,而且主要依赖于他们对自身内部心理状态的意识。这个世界有太多他们不能理解的东西,包括人们为了生存而不得不去工作、在家庭以外人们需要更大的空间、政治事件对人的影响、疾病与死亡的现实性、成熟的性特征以及成瘾的堕落过程。总之,儿童无法理解他们周围的成年人这种复杂而又充满对抗的斗争。他们只了解自身相对单纯而又浅显的感觉,并据此产生出一系列想法。考虑到自身的信息非常有限,儿童把他们对环境的力所能及的最好解释整合在一起,并得出如何有效适应生活的最佳信念。像任何一位尽责的逻辑实证研究人员一样,儿童根据这些资料得出他们认为最有效的解释。

以一个小男孩为例,在他还只有3岁的时候,父亲便离他而去。他不能理解父母离婚的原因与他无关,同时他还纳闷:父亲为何要离家出走,而不能作为访客回到这个家来承受痛苦?相反,这个小男孩得出这样的结论:因为他不够好，他的父亲才离他而去，以此作为对他的惩罚。他还进一步得出结论：男性权威都不值得信赖，并且在他与这些男性权威建立关系之前，只有先证实了他们对自己的缺点的反应，才能安心与他们相处。因而，这个男孩在以后的生活中不断寻求，期待出现一个父亲般的人物来爱自己——尽管自己存在一些缺点。最后，他的病态信念可能逐渐形成他的个人特征进入潜意识层面，但与其相关的情绪和行为却将持续存在。

很多患者只有在精神分析中，在治疗师控制下出现退行时，或受到一个重大的思想冲击时（如开始恋爱或刚失恋、被一场演出所感动或是体验了别的意识状态——药物诱导或以其他方式导致的意识状态），他们才发现自己的病态信念。在这些情况下，患者惊奇地发现，自己"在某种程度上"持有大量不符合逻辑的信念。例如，我的一位患者震惊地认识到，他一直为他八岁时母亲因患动脉瘤去世而潜意识地责备他的父亲。我的一位同事说，自己苦恼地意识到，原来她一直坚信（"在我心里——不在我头脑中"）：任何与男人竞争的女人最终都将受到伤害。在我自己被分析的过程中，当我发现自己深藏着一些自己意识水平所憎恶的种族偏见时，不用分析师太多的提醒，当时的愧疚感我依然记忆犹新。

众所周知，人们最深层、最不合理的生活信念往往是根深蒂固的。仅从学习理论的角度来看，这也是不言自明的，要一些被牢固习得又被不断强化的观念销声匿迹谈何容易。在这个各种生活体验都可能产生的错综复杂的世界里，反复的间断强化是不可避免的。再加上自我实现的导向作用（Rosenthal，1966）或精神分析治疗谈话中的投射性认同的作用（投射性认同指的是，希望出现某种结果的人总是倾向于使他们所期望的事情能够发生），我们就更能理解病态信念是多么顽固不化。在心理治疗中，这些固执的幼稚信念能被彻底纠正，可真算得上是一个奇迹。

转变患者病态信念的中心环节是：治疗师要正确掌握个体主要的病态认知。通过运用自己的情感，我们很自然地把自己的一些原始的、自以为是的想法投射到他人身上，而训练有素地开展工作以辨别患者的病态信念，那就非一日之功了。例如，一个心中充满内疚感的治疗师在治疗一个自感罪孽的患者时，可能会非常乐于帮助患者着手处理那种认为所有事情出错都源于自己的过错的信念。在这个例子中，治疗师自身的心理状态有利于理解一个有着相似心理的患者。但如果患者并不受负罪感的驱使，相反，认为每件事情搞砸都是由于别人的过错。此时，若治疗师还误认为患者有潜意识的自责，那么，治疗师就只会强化患者逃避责任的病态信念。

在本节结束之时，我想强调的是，有些病态信念系统相当复杂，并非能一言而尽。病态信念令人困惑的核心特征要属其冲突性。例如，很多精神分裂症患者都认为，如果他们与别人过于疏离，那他们可能会被淘汰；但是，他们同时又相信，如果与别人过于亲近，就可能会被他们所吞没（Karon & VandenBos，1981）。边缘人格患者以引出自相矛盾的推论而出名，这种自相矛盾也影响到治疗此类患者的治疗师。一些专业人士认为，边缘人格障碍患者核心的适应不良信念是"没有人会真正在乎我"，而另一些专业人士则认为他们的核心信念是"我能随心所欲地操纵任何人"（相应地，在治疗室里经常出现一些治疗师主张放任边缘人格障碍患者的意愿，而另一些治疗师则坚持严格的界限设置）。通常，边缘人格障碍患者同时持有这两种病态信念，并且这两种信念处于动力的冲突中。如果治疗想取得成功，治疗师就必须处理患者身上的这两种倾向的信念（Masterson，1976）。如果治疗师只关注边缘人格障碍患者病态信念的其中一个维度，那么，他要么可能强化患者的退行，要么会激起患者的顽固对抗。

对病态信念形成的假设

治疗师在尝试了解患者的病态信念时，并不是直截了当地接触到患者最深层、最严重的问题信念。即使患者适应不良的信念是自我协调的，也不一定会自然流露，因此，治疗师也可能只是很偶然地发现这些信念。例如，我的一位患者，在治疗了三年以后我才发现她坚信不疑地认为，她在三年中一直照顾着我，并将我从抑郁中解救了出来。她认为，所有女性，如果身边缺乏女性的关爱和支持，就都有可能遭受抑郁的痛苦。只有在最严重的妄想症患者身上，非理性信念才会显露，或表现为或多或少无意识地防御这些信念，在这些病例中，这些想法常常被看做是一种妄想。为了了解症状较轻的患者的这种病态认知，我们可以根据患者对生活的总体评价、既往经历的描述、患者的习惯性行为以及他们的移情反应来推论患者的这些病态信念。

对生活的总体评价

无论对初次访谈还是对随后的访谈来说，治疗师仔细聆听的价值怎么也不会言过其实。在患者漫不经心的聊谈中，蕴含着大量的关于他们内在信念的信息。例如像这样的评论"我应当更多地了解他，而不是贸然轻信"提示，患者信任他人的行为与她怀疑他人的内在信念是相悖的。诸如这样的概括"每次当我期盼某事时，我总会失望"，很可能不仅表达了患者在最近事件上的客观事实，而且还表达了患者这样的一个深层信念：当人们兴致勃勃期待某事时，往往不可思议地注定以挫败告终。一个在童年期缺少关爱的妇女曾这样对我说："听你的口气，好像关注自己的孩子是为人父母的准则。"

我曾经治疗过这样一位患者，他有一种完全自我协调的信念，认为任何对他来说一开始进展顺利的事情，最后的结果总是与自己背道而驰，而且他还总是为顺利时的快乐而受到惩罚。为了解决这一问题，他的做法是：对所有事情都竭力戒除乐观。他的这种心态，是我从他随意的一句"好事多磨"的话中得到的启示。随后，我还会更详细地讨论这个患者。我的另一位患者则常常在大多数访谈开始时这样评论道："唉，生活还是那样不尽如人意。"在这句话的背后其实隐含着这样一个内在信念，即他对生活已无能为力，而只有无所不能的权威才有可能替他改变生活。此外，他还认为，如果我作为自然公认的全能权威,并没有让他的生活变得令人满意,是因为我没有尽最大的努力去关心他,而不是因为我缺乏解决问题的能力。

对个人经历的描述

常常,即使没有上述相关的引人注目的习惯性行为,患者自身的经历也可能反映出他/她的一些来自早年生活的潜意识信念。对这种儿童期的、自我中心的解释予以投情,将有利于治疗师对患者可能持有的病态信念做出推断。例如,大多数被收养的儿童,都至少会逐渐形成一种关于自己的亲生父母为什么抛弃自己的解释。在重男轻女的家庭长大的女孩和在重女轻男家庭长大的男孩都有一种很强烈的信念:要是自己能改变性别该有多好(这种信念有时是潜意识的,有时是意识层面的并已被合理化)。在早年因反复与重要客体分离而经历痛苦的人往往认为,不仅仅是因为他们喜爱的人总要离他而去,而且还因为他们自身的不足疏远、驱赶了他们所喜爱的人。受虐社会群体的成员常会得出这样一些痛苦的结论:由于他们的民族、种族、性别或性取向不同,所以,与那些拥有社会权势的群体相比,他们无可挽回地低人一等。

了解患者的人口学资料,如家庭的社会经济地位和种族成份等,对于识别患者的病态信念同样很重要,因为不同的亚文化人群对人际关系、权威、隐私、性别、亲密感、信任、禁忌以及其他人文观点有不同的见解。了解一个人的宗教倾向,也能向治疗师提供他/她可能持有的一些不容置疑的信念。例如(Lovinger, 1984),信仰新教的家庭往往导致那些过于依赖他人、未能自主并勇敢地按个人信念行动的儿童产生内疚感(就如马丁·路德 [Martin Luther] 一样,公然对抗他那个时代的罗马天主教制度)。反之,对于犹太人家庭来说,保持犹太民族的生存历来是他们的关注点,这样往往导致那些远离家庭的儿童产生内疚感。因此,当信仰新教的患者在感受到自己的脆弱、自我放纵、缺乏独立性的时候,常常会非难自己。而犹太族的患者则倾向于抱怨自己对他人缺乏关心和联系,或者对他人的需要缺乏敏感而自责。

治疗师在接触自己并不了解的种族和宗教背景的患者时，需要从外界和患者身上了解他们的文化和信仰（Sue & Sue, 1990）。据我所知，没有一个患者在我坦率地承认我对他/她的背景和社会知之甚少时表示过不理解，并且，也没有一个患者由于我想了解这方面知识而感到不愉快。同样，也应从患者身上深入了解目前与他们有关的社团的独特文化和意识形态。因为人们总是被那些与自己先存观念相默契的团体精神所吸引，所以，目前人们致力于哪些团体活动，同样也隐含着与早年根深蒂固的信念相关的信息。（了解患者的文化和宗教背景还另有妙处，即扩展治疗师的知识。患者经常在许多生活领域给予我非常有利的指导，要是没有他们的指导，这些生活领域对我来说将仍旧是个相对的盲点。这其中包括伊斯兰的苏菲派运动、贵格教、佛教、十二步骤治疗法、对各种慢性疾病患者的支持团体、动物权利保护协会、军人、摩托帮会、警官、基督教传教士以及其他一些倡导和坚持不同观点的团体。）

患者自身以及他/她的家族所持的政治观点也能提供有关患者内在信念的信息。例如，美国的自由党倾向于把慷慨和仁慈理想化，而保守党者往往把控制和公平理想化（MacEdo, 1991）。有些人的个人政见认为，人们必须反抗权威；而其他人则可能更强调社会对服从和秩序的需要，并对反叛行动深恶痛绝。这些政治态度告诉治疗师许多源于患者个人独特经历的内在信念。

习惯性行为

在许多人身上，治疗师必须从他们的习惯性行为模式中才能识别出其内在的病态信念。例如，我的一位患者反复地、在我看来已经是强迫性地对他的妻子不忠。他对自己行为的解释是：他仅仅是喜欢女人而已——他是一个女性美的鉴赏家，情不自禁地想让自己和他的那些魅力四射的被赏识者一起获得性爱的乐趣。当他为了征服下一个令他振奋的对象而相继抛弃

第十章 病态信念的评估

他的妻子和情人，因此带给她们痛苦时，他的解释是：这种痛苦只不过是与像他这样能欣赏她们魅力的男人建立联系并得到快乐所需付出的小小代价。我不难猜测，在他的潜意识里充满着对女性的敌意，虽然对他来说，发现和充分体验这种敌意要花费较长的时间。他对于女性的敌意来自于他的个人经历，在他孩提时期，他的母亲抛弃了他，在他潜意识里确信，当一个人与女性亲密接触时不可避免地会遭到抛弃，因此，他陆续与不同的女性建立联系，随后，在遭到女性抛弃之前捷足先登地先断绝与她们的关系。只有当他理解了他童年期的推论与他目前行为之间的关系，他才能够停止对女性的玩弄。

我的另一位患者习惯性地认为，他做出的任何选择都是错误的。他常常被每一次重大的决定折磨得痛苦万分（和哪位女性约会、选修什么课程、从事什么职业、去哪里度假等等）。而一旦他最终使自己作出决定，他又深信，作出的选择必定是错误的，并为此感到苦恼。最终，我们在他的这种行为模式的背后共找出至少三种病态信念：(1)除非先惩罚自己，否则他会由于自作主张而受到惩罚；(2)他不该享受他的选择所带来的积极后果；最重要的是(3)完美无瑕的决定应该是毫不犹豫的选择。因此，如果他对自己的选择存有一丝矛盾，都意味着他已经作了一个错误的选择。

如先前提到的，这个患者还有这样一个信念：事情进展顺利时，不要高兴得太早，因为事情肯定会变得很糟糕。我记得，当时我坚持对他的这种内在幻想进行了对峙：人的运气可能潮涨潮落，但不会因为庆幸好运而注定会使倒霉接踵而至。尽管事实上，作为一个成年人，他的病态信念让他遭受了巨大的痛苦——或者更确切地说，他失去了太多快乐的机会——他却发现自己内心极不情愿放弃这样的信念：自己能用理智来控制情绪，以掌控自己的生活。

移情反应

通常，在长期的治疗中，病态信念会逐渐通过移情反应显现。当它们显现时，治疗双方常常都会对病态信念的强烈程度感到惊讶。例如，当治疗已经进展到一定的阶段时，创伤后患者会产生这样的强烈信念，认为治疗师将要虐待他们。我的一位患者——一个社会功能良好、言行现实的妇女——在心理治疗中，如果不把身体像婴儿一样蜷缩起来，她就不能与我进行交谈，似乎这种姿势可以让她的重要器官免受攻击一般。她的父亲就曾脾气暴戾，常常劈头盖脑地对她暴打一顿。

抑郁症患者持有这样一个内在信念：任何对他们了如指掌的人都将因为他们的过错而抛弃他们，他们在治疗中常常会认为治疗师将会拒绝他们，从而感到痛苦。我的一位患者处于这种状态时，她发现自己正在哀求我不要终止对她的治疗。尽管她当初精心挑选我作为她的治疗师，就是凭着我孜孜不倦治疗患者的名声（"我知道你常常坚持治疗完每一个患者，但却不一定对我这样做。随着你对我了解的深入，我一直猜想，你将不胜负荷，并最终厌恶地抛弃我"）。

当治疗师因条件所限而无法进行分析或长期的精神分析治疗时，就必须对病态信念作出迅速的推断，不一定要等到病态信念自然显现。迅速作出合理的推断，对于治疗至关重要，因为治疗师对患者独特的意识形态了解越准确，那么治疗师就越能对症下药。少量象征病态信念的移情反应的出现，可能标志着治疗关系的建立。患者所提的问题、他／她目光对视或避免目光对视的行为以及在讨论治疗时间安排、治疗费用、取消治疗等问题上的态度——所有这些都提示患者带入治疗过程中的、关于人际关系方面的种种意识。例如，"我只想进行短期治疗"的话可能反映的不只是患者对于时间和费用的关注；还可能反映了这样一种病态信念：如果一个人使自己依赖他人，那么，他将很容易受到他人潜在的、不怀好意的伤害。

理解病态信念的临床意义

尽早在初次访谈中就形成对患者病态信念的合理假设之所以这么重要，其原因是基于这样一个事实：从治疗一开始，患者就潜意识地指望治疗师驳斥那些无法让他/她过上满意生活的信念（Weiss，1993）。不管治疗师是否将对患者的病态信念作出假设，对治疗师来说，重要的是，尤其在治疗早期，尽量不要对患者错误的信念加以强化（在随后的访谈中，一旦治疗联盟得到稳固，患者当前所持有的认知方式就能不可避免地被分析和修正）。例如：如果一个人从小受到养育者的关爱，那他就可能认为治疗师无声的关注是对他的支持；而如果他从小缺少被重视和关注，那么，他就感觉治疗师的沉默可能是对他的冷落。一个潜意识里认为没有男人会在意自己的女患者在与态度热情的男治疗师交谈时，会感到轻松愉快；而对于从小父亲就过于"亲近"并引诱她的女患者来说，男治疗师的这种态度可能被误解成对她的一种侵犯。

在焦虑症和恐怖症中，致使患者对某一场景产生"非理性"恐惧的病态信念，有时对于治疗师是显而易见的，有时则比较隐晦。为了制定治疗计划，无论用行为脱敏还是心理动力学治疗，或者两种治疗联合使用，都有必要了解与恐惧情景紧密关联的病态信念的性质。我的一位广场恐怖症的女患者认为，使她真正对外出感到恐惧的原因在于，别人可能把她看成神经失常者，从而成为熟人们嘲笑的对象。在我们的共同努力下，我们逐渐发现，在她的潜意识水平有一个更加折磨她的念头：根本没有人关注她。因此，我们得出结论，她不需要使自己对消极关注脱敏，而是要对缺乏关注进行脱敏。（弗洛伊德曾说过，在她害怕他人对自己吹毛求疵的恐惧背后，常常隐含着一些愿望：一个喜出风头的愿望、一个期望被人关注和了解的愿望。）在童年期，由于酗酒的抚养者对她漠不关心，不被注意对她就意味着危在旦夕。事实证明，向她施以对陌生人的忽视系统脱敏治疗，与试图让她对熟人的非难脱敏相比，前者的治疗效果更佳。

在精神分析治疗文献中，对于是否可能有一种无需对体验的所有要素进行充分分析便能产生持久改变的"矫正的情绪体验"（Alexander, 1956）一直以来争论不休。这种争议最早起源于20世纪初期，当时弗洛伊德和费伦克兹（Ferenczi）在关于患者能否彻底恢复这个问题上意见相左。最近有关这方面的争论又在关系取向和经典取向治疗师之间展开，两者在展现或解释患者的病态信念的治疗作用问题上不尽一致（Mitchell & Black, 1995）。不管他们在这个问题上立场如何，大多数治疗师都会尽量表现出与患者病态信念相反的行为，通过让患者体验这些行为，使他/她重新认识自己以往的信念，这就是移情的力量。但是，不管移情在被患者充分领悟之前是不是应该被彻底分析，都没有人认为治疗师不应该努力表现出一种矫正者的姿态。

我们都希望能更容易地改变患者的病态信念。很多人都被电影《心灵捕手》（Good Will Hunting）中所描绘的医患关系所感动。在电影中，治疗师不断对童年受虐待的年轻男患者说道："那不是你的错！"观众对这个场景的反应说明了普通人对这一现象的理解，即在童年期受虐的环境下，自我的非理性的消极信念是不可避免的，并且这些信念还与个体的精神疾病密切相关，抨击这些信念是进行心理治疗的一个基本方面。然而，心理治疗师不能只是简单地停留于重复地责难患者信念。如果患者只因某人的强烈责难便可悔过自新，那么心理治疗也就没有存在的必要了。我们大多数人并不缺乏乐于指出我们非理性信念的朋友、亲人以及权威，但是，就像小孩眷恋玩具一样，我们依然顽固地坚持我们各自的荒诞信念。

前面我已经提到过，如果非理性信念能被患者意识，那么，这些信念往往很容易被改变。治疗师不仅必须在行为上表现得与患者早年经历中的不良客体不同，而且还要帮助患者去领悟，患者把何种早年的期望带入现在的治疗关系中。只有那样，患者才会注意到自己正在被治疗师驳斥。否则，患者将老调重弹，仍按习惯性思维理解治疗师的言行。例如，当一名好意的治疗师对一位抑郁的女患者说"你觉得自己好像十恶不赦，但其实你真的很棒"，患者对此的反应可能不是去重新考虑那个自我贬低的信念，而是觉得这个治疗师是个好人（和她自身相比），或认为治疗师愚蠢地被她的表面现象所蒙蔽。一个妄想症男性患者认为治疗师惟一在乎的就是钱，因此当治疗师降低对他的治疗费用时，这个患者很可能会担心治疗师这样做的目的在于试图使他对长期而昂贵的治疗产生依赖，而不是去重新评价自己对他人金钱动机的猜疑。

至少有三个原因可以解释为什么了解那些引起特定病态信念的情景，可以更快地使这些信念意识化并得到改变：(1)当患者认识到自己所坚持的、来源于童年期的有害信念时，就可以更好地区分当前与过去的现实，并能评价那些来自早年的认知如今是否仍然适用；(2)患者了解了自己为什么会产生这种独特的个人意识后，在承认自己的非理性信念时就较少感到荒唐；(3)患者认识到自己的适应不良信念多么幼稚时，就更能忍受改变这些理念所带来的焦虑。如果人们深刻地领悟了自身的非理性，并且能认同治疗师对他们已经形成的不符逻辑的信念表示同情，那么，他们将敢于冒被驳斥的风险而极少采取防御。

与能说善辩的伯特兰·卡荣（Bertram Karon, 1998）一样，我坚信上面的这些结论同样适用于具有妄想的患者。当精神分裂症患者逐渐领会他们妄想的童年起源时，实际上他们就能做到摆脱这些妄想——只要他们得到足够的支持去经受因改变而伴随的恐惧。我自己的临床经验证明了这一点，我许多熟悉的同事也有同感，他们不顾当前盛行的对精神病患者的单纯药物治疗和"管制"而积极投身于理解这些严重精神疾病患者心中的颠覆的主观世界，同时给予他们投情关注和爱护（那是任何遭受痛苦的人都理应能从专业人士那里得到的）。

在此，我想简要谈谈威斯、塞普森及其同事们的理论模型。与其他的临床理论不同，这个模型不仅来自于临床实践者的体会，而且还来自于对大量精神分析和治疗的实验研究，以及对患者和痊愈患者的访谈。因此，他们的推论是以患者为中心，而非以分析师为中心的。换句话说，我们目前盛行的技术理论（Greenson, 1967; Etchegoyen, 1991）是从治疗师的角度来描述治疗过程。治疗师认为，患者在意识层面希望改变不合理的信念，但另一方面，因为在潜意识层面他们对改变后将会发生的事情非常地担心，所以拒绝改变。因此，治疗师必须通过分析阻抗而慢慢达到目的。而这实际上就是从治疗者的角度来看待治疗过程：我想帮助患者更快地转变，而患者会因为各种原因踌躇不前，所以我必须处理患者与我抵制的方面。对治疗师来说，用于改变患者的精力总归大于用于支持的精力，因为这是由"改变"这场战斗所决定的。

旧金山心理治疗研究小组的成员们也谈论过上述希望改变与害怕改变的辩证思想，但却是从患者的角度来理解——一个基本上与先前相反的观点。他们认为患者不仅想要改变，而且还有一个如何改变的计划。这个计划，可以在意识水平，也可以在潜意识水平，包括如何努力去驳斥自己知道但根深蒂固的病态信念。因此，患者的主要想法类似于：我知道，我需要治疗师指出我最深层次的信念是非理性的，因此，我必须不断想方设法去试探能否安全地放弃它们。我想尽可能快地转变，而治疗将给我转变的勇气。对患者来说，想要改变是肯定的，而拒绝改变的想法虽令人烦忧，却不至于不可动摇。

经受检验

根据这种思维方式，精神分析治疗相当于在经受患者的一系列检验。威斯、塞普森已明确指出，这样的检验可分成两类，移情检验和"由被动到主动的转变"检验（莱克 [Racker, 1968] 的协调性与互补性反移情以及相应的情感变化）。在第一种检验中，患者检验治疗师是否会像那些使他/她产生病态信念的儿童期客体一样行事；在第二种检验中，患者以自己儿童期受虐待的方式来对待治疗师，然后，密切观察治疗师是否像患者那样依赖病态信念来处理事态。

例如，有这样一位妇女，她从小常被暴躁专制的父亲以极其刻薄的方式指责批评，于是，她逐渐相信，对待这些苛刻的权威最好的办法是：认为自己应该受到批评并默默顺从。在治疗中，这样的患者可能会(1)发现自己正在担心治疗师是个吹毛求疵的人，或(2)以她父亲过去经常批评她的方式批评治疗师。在上面的任何一种反应中，她都希望能看到与她孩提时形成的内在观念不同的行为。出现第一种情况，从治疗角度，治疗师通常只需要指出她是如何把治疗师当作他／她苛刻的父亲的。实际上，治疗师平静地询问患者这一问题，而不像一个批判型的权威那样，将更有助于患者对童年经历与现在体会进行区别。在后一种情形下，治疗师必须毫无防御地面对患者的挑衅，而不能误以为她已经向治疗师暴露了其基本缺陷。前一种情形是一种解释干预；而后者，则称之为展现。

当威斯、塞普森最初向精神分析团体推销他们的控制－掌握理论时，他们的手段十分高明。在他们指导治疗师们如何对患者的病态观念进行驳斥的说明中，大多数方法无需背离那些被普遍认可的技术准则。通过这个策略，他们避免让传统的治疗师警觉地认为那是"非常规"或不规范的干预。这里有一个治疗师在治疗情景中通过传统技术就能经受患者检验的普通例子。一名男患者有这样一种病态观念：认为自己经过特别的授权，别人应该对他言听计从。而他的这种信念在治疗师坚持要照常收费的情况下，就受到了有趣的挑战。另一个更惟妙惟肖的例子是，一名女患者，潜意识里认为自己能够获取任何人的信息，她这样做的目的是为了自身的安全，这样的患者很适合用经典的治疗技术——治疗师尽可能少地自我表露。当治疗师谨慎地运用那些久经考验的精神分析治疗技术时，确实能使许多患者重新思考他们的非理性信念。传统治疗的许多方面，如治疗师不加评判地聆听、关怀、回想等等，本身就可以消除患者因为诚实而带来的危险感。

然而，对于某些患者而言，也可选择与前面所举的例子截然不同的治疗技巧。例如，一位男患者，他总是强迫性地担忧要按时偿还每笔债务，这样就永远不会欠任何人的人情。当治疗师能容忍他赊欠一些小账单时（分析他的痛苦以及分析他拖欠关心他的人的钱款时的恶劣心境），便会受益匪浅。一个认为自己无权了解他人的女患者可能会被治疗师类似的话所打动："你谈了很多有关你孩子的事和你作为母亲的感觉，但你却从来没有问过我是否有孩子？"在此，治疗师坦诚地提出这样的问题，并且自愿回答这个问题。一旦患者探究到自己为什么在提任何个人问题上犹豫不决的原因时，治疗师的这些表现就可能强有力地抵制患者的笃念：认为自己无权了解权威人士的任何重要事情。

揭露和理解产生检验的信念

如前所述，理解患者病态观念的临床意义，不仅仅局限于治疗师要努力经受患者的每次检验，而且还需要帮助患者去领悟：究竟是什么信念导致了检验，检验如何组成，最初它是如何有效地保护患者以及现在它又是如何对患者造成伤害。否则，当治疗师一旦经受检验就不再主动关心上述问题时，很多治疗过程便会停滞不前。也就是说，检查患者检验背后的不良信念是修通的重要环节。即使在短程治疗时，如果治疗师不仅驳斥患者的病态信念，而且还对这些信念的目前意义和童年期意义进行评价的话，治疗将取得更大成效。

有一个例子可以进一步说明。处于抑郁状态时，如果治疗师的行为能证明，认为自己被人充分了解后会遭人抛弃的想法是毫无根据的，那么，我们对治疗师的反应将是积极而轻松的。我们的这种期望常常滋生于童年期的分离经历，这种分离经历告诉我们，自身的不足或缺点是遭人抛弃的始作俑者。治疗师对抑郁行为的关怀和不嫌弃可能会在短期内让我们感到舒畅，但是最终，治疗师并没能使我们产生对抗病态信念后的自我价值感，而只是使我们对治疗师坚持治疗这样一个严重的患者产生理想化。在这样的治疗中，根本没能动摇支撑病态信念的幻想——只有克服自身的不足或是变得优秀，我们才永远不必面临被抛弃。除非自我贬低的信念以及建筑其上的幼稚的全能幻想被揭露和责疑，否则，治疗一结束，这些非理性信念就将卷土重来。

处理病态信念并不总是需要长年的精神分析。我所治疗的一位男患者，在他14岁时母亲死于癌症，经过几个月每周一次的治疗，我们很快发现他有这样一个信念——认为母亲的去世是由于自己与母亲的情感疏远所致。起初，他之所以来治疗是因为与妻子亲密关系的问题，他一直发现自己过于依恋妻子。而一旦他的潜意识负罪感被揭示，对妻子的依恋就逐渐清晰，并意识到：当年，无论他是否有正常的青少年期的情感独立，母亲都一样会去世。这个发现让他在婚姻生活中变得更为自主，更能理解他妻子是个独立的个体，而且更不必担心由于他的"自私"可能导致的依赖的恶果。

儿童由自身处境得出的信念将对他们产生持久的影响，这一情形的重要性并不仅仅限于精神分析团体。熟悉詹尼弗·弗雷德（Jennifer Freyd, 1996）的著作《背叛的创伤》（*Betrayal Trauma*）的读者会发现一些非常类同的观点，这一著作使用了大量当代认知心理学的术语。弗雷德强调，由于儿童的依赖性处境，他们必须相信虐待他们的权威之所以要这样做，是因为自己罪有应得。不然，他们就可能面临难以承受的恐惧——这种恐惧来自于意识到自己的生存掌控在一个残忍而不值得信任的人手中。根据这些观点，她编写了一个具有说服力和科学依据的案例，来帮助理解那些和创伤相联的记忆问题，她的著作对于创伤型患者的治疗具有重大意义。

尽管我们的理论取向不同，然而，我感到，弗雷德和我对儿童期受到体罚和性虐待的受害者会说相似的话："如同所有的孩子一样，你更乐于相信，你所受到的虐待是因为自身的过错所致。相信这一点让你在心里还保留希望——你可以设法找出自己的错误并改正它，这样，也许虐待就会停止。尤其当你面对你所必须依赖的那个人已控制并具有伤害性时，你就更倾向于抱有这样的希望。"

对于在童年期遭受严重虐待的人们，治疗师仅仅以不虐待患者来经受"移情检验"，或不为患者对治疗师的虐待行为而气馁来经受"被动到主动的检验"，那是远远不够的。除此之外，治疗师还必须帮助当事人剖析和瓦解由创伤经历遗留下的顽固信念。这一原则可适用于消除由任何童年期遭遇、创伤或其他经历引起的适应不良信念。

最后，我想强调，在那些不能直接经受患者检验的案例中解释所具有的关键作用。当检验表达出患者潜意识复杂而又冲突的信念时，无论治疗师采取何种态度，都将处于不利于治疗的境地。遇到这样的案例，治疗师就要考虑使用解释。例如，在我们的研究生训练中，边缘人格和/或创伤后妇女要求治疗师拥抱她一下，对于这样很常见的情景，几乎所有人都不知所措。这个患者也许正努力驳斥"自己总遭养育者拒绝"的病态信念。但同时，她也可能正努力抵制另一个同样强有力的病态观念，即"权威利用她的不足来获得性满足和自恋满足"。结果是，治疗师一边惊慌失措，一边想："如果我不拥抱她，那会严重伤害她的感情，因为那样会强化她认为自己令人讨厌的信念。但是，如果我确实拥抱了她，她又会害怕我在占她的便宜，不能指望我能与她保持得当的治疗界限。"

因此，要经受这样的检验并不简单。然而，仍有一种较好的方法：治疗师可以向患者解释，自己感到左右为难，不管拥抱她还是不拥抱她都有可能伤害她，然后继续讨论当患者要求治疗师拥抱时，治疗师在其自身的冲突中所领会到的患者的潜在信念。患者可能对于这样的解释很不乐意，但这样做确实避开了完全拒绝或受诱惑的进退维谷。而且，一旦她经受住需要受挫时的恼怒，最终患者会受益于治疗师这样的解释。我甚至可以这样说，每次治疗师感到这种无助的两难困境时（"天啊，不管我怎么做都是错的"），明智的做法是寻找患者内在的病态信念——在这些病态信念中，冲突的双方各持己见，此时，需要治疗师对这些信念解释澄清。对这样的例子，威斯、塞普森可能会说，解释就是经受检验。

第十章　病态信念的评估　201

小　结

　　在这一章里，我深入讨论了治疗师对患者意识水平和潜意识水平认知世界的评价。我简要回顾了关于适应不良的潜意识病态信念的某些精神分析观点，并将它们与认知行为治疗和家庭治疗关于未经检验的假设在个体和系统中所起作用的理论联系起来。我希望在这个问题上，精神分析的观点能与当代认知科学的观点发生整合。我强调，由于患者的病态信念根植于儿童期解决各自重大问题的方式，因此，处理病态信念绝非一日之功，我还特别强调，治疗师准确识别每位患者所持有的、具致病作用的特定认知非常重要。至于在初始访谈中如何推论患者的不良信念，我已向读者建议，应从患者对生活的总体评价、对他或她自身成长的描述、习惯性行为以及移情反应等几方面入手。

　　考虑到正确推论患者病态观念的临床意义，我主要谈论了旧金山心理治疗研究小组的工作，特别是他们强调了患者通过设置检验来达到康复的目的，在这个检验过程中，治疗师要么肯定，要么驳斥患者先前存在的潜意识信念。我举例说明了治疗师如何经受移情检验以及由被动到主动的检验，接着还讨论了帮助患者理解检验背后所隐含的信念的重要性，包括领悟这些信念的来源、在童年时的作用、对当前生活中的不良影响等。最后，我还对那些复杂而又充满冲突的病态信念以及这些信念对治疗师所带来的挑战给予了特别的关注。

结 束 语

　　根据对患者形成的总体感觉来分析其特有的动力学特征，并非总是轻而易举的。病例分析远远超出了疾病分类的内涵。它不但超越了描述性精神疾病分类（DSM），而且还试图超越深层的精神分析式人格评估，对于后者，我在《精神分析诊断》一书中已有论述（Westen, 1998）。病例分析是一个集主观性、推理性、个别性及综合性为一体的过程。它要求治疗师了解一个人特有的精神生活，谨慎地潜入其千姿百态的内心世界，并试图理解此人在内心深处如何看待生活中的一切。在允许患者的心理自由宣泄的过程中，治疗师需要忍受信息的杂乱无章及模棱两可，这正是我需要告诫读者的：不要强求通过一次临床访谈，就能使本书中所涉及的种种问题迎刃而解。治疗师在倾听任何一个患者诉说时，内心会逐渐形成对问题理解的主线，在最后几个章节中，我已强调：对问题的理解不同，就会形成不同的治疗方案。现在，我从艺术的角度来讨论病例分析形成的过程。我希望这对读者分析患者及撰写动力学分析的病例报告有所帮助。初始访谈结束后，腾出一点时间来检视自己对患者的主观反应是很有价值的。在访谈过程中，你的脑海中浮现出哪些视觉表象？例如，患者给你的印象是楚楚动人，还是淘气、撒娇，或者像一只无处藏身的小鹿，还是一座蓄势待发的火山？患者唤起了你内心深处的什么情感，有多强烈？你的身体感到紧张吗？如果紧张,是哪个部位?患者的哪些部分酷似你的经历,哪些部分又与你格格不入?患者使你想起了什么人吗?你的头脑中是否回响起什么乐曲,歌词是什么?对于接纳此人作为你的治疗对象,你有什么顾虑?你又如何把你的表象及情感付诸言语的?这种检视也需要你的自由联想,需要暂时让你的直觉如脱缰的野马,自由驰骋。

为了达到治疗所必需的投情,鉴别自己与患者之间的任何相似性都是非常重要的。尽管我们所有的人都受过督导的提示,警告我们不要与患者过度认同,但我更需强调,比起认同不足,认同过度只是小巫见大巫。认同过度常常能被患者所宽恕,也能被治疗师所改正。它意味着医患之间的平等("你和我有许多共同之处"),所以并不是什么丢人现眼的事。除此之外,我认为,还有一点似乎无可辩驳,即治疗师若不能调动自己的情感,就不可能对患者的主观世界产生真切的感觉。所有成功的演员都知道:要赋予一个角色以灵气,演员必须在角色身上找到某种能与自我产生共鸣的东西。如果患者在你身上找不到那种相同感和归属感,他/她就很难指望从你那里得到真切的理解。

两个患者可能会有完全相同的诊断,但却具有完全不同的内心世界。为了证明这一点,让我以两位女患者为例,通过比较、对照,来展示动力学分析。我暂且称她们为阿曼达和贝丝,她们均在我这儿接受了几年的精神分析。两位患者来就诊时均具有抑郁症状;两人都符合心境恶劣和抑郁质人格的诊断。阿曼达和贝丝都是医务人员(分别是护士和医生),每人在工作中都运用大量的心理学专业知识。多年前,两人均为女同性恋者。她们来找我做精神分析时,每人都与一个心仪的伴侣在一起生活了几年。二者都来自酗酒家庭。阿曼达和贝丝在人格结构的神经质、健康程度方面也极为相似,然而两人都担心随着治疗的进一步了解,治疗师会发现她们有边缘人格障碍。两人都有既往治疗史,之所以选择精神分析,并不仅仅因为它能缓解抑郁症状,而且还因为它能促进人格及事业上的成长。

以上均为二者的相似性,下面则是她们的不同之处。阿曼达来自一个欧裔基督徒的工人家庭，在她童年时几易住址。贝丝的家庭是意大利天主教徒，属于中上层阶级，从未搬过家，她是在一个社区长大的。阿曼达更倾向双性恋行为；她极不情愿地嫁给了一个男人，不久，与另一女人关系暧昧。从青春期开始，贝丝就只对女性感兴趣。在性格及稳定的特质方面，阿曼达似乎总是一个活跃和感情丰实的孩子。在治疗后期，她和我一起邀请她母亲加入访谈，听了许多关于她精力充沛、不断需要被关注的故事。从小到大，人们都说贝丝性情温和、自我欣赏；甚至还不到1岁，她就能自得其乐，父母为此还感到骄傲。

在成熟方面，两个女性都有一个良好的开端，在1岁以内，都得到了温尼科特所称谓的"足够好的"（good-enough）母亲照顾。但是，在阿曼达15个月大时，她母亲生下一个男孩后就患上了相当严重的抑郁。她父亲似乎根本无法适应自己已为人父的身份，尤其在妻子生病后，只会回避、发火及酗酒。尽管贝丝的母亲不久也成了酗酒者，但在贝丝的学龄前期，她似乎还生活有节制，并受到一定呵护。贝丝的父亲对女儿很冷淡，很理智，只有向别人炫耀时才会亲近女儿。他经常要求女儿盛装打扮后弹奏钢琴，表演舞蹈或展示她的拼写才能。两个女人在幼年都遭受过性虐待，阿曼达受到曾调戏她母亲的祖父的骚扰；贝丝则受到比她年长4岁的哥哥的性侵犯。阿曼达极力反抗性虐待，这使她体验到敌意与侵犯；贝丝则为自己从5岁到13岁一直与哥哥有染而羞愧不已，13岁时她开始月经来潮，并害怕会怀孕。

阿曼达及贝丝的心理处于俄狄普斯期而不是俄狄普斯前期：在这一时期，她们主观中占优势的内容并不是是否融入母亲客体或反抗客体。她们能辨别别人的优缺点，并视别人为优缺点的复杂结合体，她们感觉得到自己需求他人的愿望并能清楚需求他人的某个方面，而不是不恰当地对整个他人理想化，她们能争取被关注，能与早年敬爱客体的优点进行认同。每人都对俄狄普斯三角关系中的同性进行认同；同性父母是她们的欲望客体，她们感到与父亲竞争母亲的爱与注意。两人的问题主要是心境恶劣，她们均使用抑郁症患者的主要防御方式：她们内化缺点，而将优点投射给他人，并试图通过仁慈和关怀他人以补偿自信的缺乏。她们对丧失及批评极为敏感，且易产生难以释怀的自责，因此总是将成功归因于运气好或来自他人的帮助，而将失败归于个人缺陷。然而，她们在防御结构的某些特征方面又有所不同。阿曼达会寻找他人的缺点，并加以攻击；贝丝对难缠的人退避三舍，借此避免冲突。阿曼达对我的缺点过于敏感，但设法理解和处理我们之间的投情失败；而贝丝历经3年的治疗才敢正视我给她的情感带来伤害的事例。两人都害怕依赖；阿曼达总是说"我自己能行"，借此虚张声势，贝丝则倾向于回避亲密关系。

她们情绪模式也不尽相同。阿曼达更易表现为易激动和愤怒，在贝丝身上则弥漫着自责与忧伤的情感氛围。阿曼达倾向于用愤怒来冲淡悲伤情绪，贝丝则用哀伤来遮掩敌意。阿曼达经常焦虑不安，贝丝则只在被要求做某种她视之为"表演"的事情时才会感到焦虑。阿曼达更易进入欣快及欢乐状态，窃喜则是贝丝表达好心情的方式。阿曼达的情感生活为羞耻所主导，表现为害怕在众目睽睽下丢脸；与此不同，贝丝主要表现为愧疚感、内心懊恼及罪恶感。

关于各自的认同特点，相比之下，阿曼达比贝丝更固执地反抗认同。她回避任何令她想起母亲的行为，对于我认为她其实仍然以某种方式与母亲认同的阐释，她会恼羞成怒、矢口否认。她对父亲在家庭以外的角色持积极认同——他是一位科学家，具有令人钦佩的释疑解惑的能力——然而，她同时视他为"别人"，对自己有潜在的危险，是自我摧残及暴力倾向者。长大后，她发现有其他权威人士值得效仿，并为自己能从父母形象中分化出来感到高兴。显然，她在无意识层面与父亲认同，也许是因为父亲比母亲更有权力。反之，贝丝很积极地与母亲认同，她最初将母亲描述为"圣洁"。她怀着矛盾而复杂的情感与父亲认同，她钦佩他的学识，但她将母亲酗酒归咎于父亲的自私自利。尽管她能表示：她有点怨恨父亲只在为了满足自己的虚荣心时才想展示她，否则就对她不理不睬，但是，她在初始访谈中对父母的评论提示她在极力回避对他们的负面感知。当我问起，她与哥哥发生乱伦行为的这许多年间，父母都在哪时，她似乎感到大吃一惊，因为我暗示她的父母本应负起监护责任。

这两位女患者的关系模式完全不同。阿曼达倾向于时时提防强大的人对其施虐，每当这种预感临近时，她会表现出挑衅行为。她与医院的权威关系紧张，被同事和上司视为脾气暴躁或过于敏感。在职业角色方面，她与患者保持一定的距离，界线分明，患者感到她能关心人且值得信赖，只是并不特别热情、随和。贝丝并不认为权威是有力量并具威胁性的，相反，她认为他们脆弱而无能。她尽可能地不引起权威的注意，并对他们的要求极少提出置疑。她很少出风头，她最乐意没人来注意她的工作情况。对于父母，她很慷慨，而且谦让。两患者都对了解人及人的特异性十分着迷，但是阿曼达更喜欢运用她的分析去理解上司的心理，而贝丝通常只讨论她的患者。

阿曼达治疗早期的梦及幻想将我描绘为一个容易受伤且敏感脆弱并需要得到她拯救的人。随着时间的推移，她的移情越来越清晰，并伴性的冲动。在治疗后期，她在我身上发现了施虐父亲的影子，这促使她不得不保护自己免遭父亲的伤害。我对阿曼达的反移情通常很强烈，有时突然被激起，有时逐渐唤起，其中有性的成分或一般情绪反应。在很长一段时间内，贝丝对我的情感反应是令人费解的。她不喜欢谈论她对我的感觉，而当我想了解这个问题时，她似乎感觉受到干扰或觉得走题了。最终，她注意到，她从一开始就认为我对她并不特别感兴趣。她抑制不住地猜想，我只关心治疗取得进展从而显示我的能耐。我对贝丝的反移情一贯是热情而稳定，但从未满怀激情。与她交谈，有时感到很乏味，而且不止一次我不得不强打起精神以防睡着。我对两个女人都倾注了深厚的关怀，但对阿曼达表现得更急切、更外露，而对贝丝则更持重、更节制。

两位患者对分离的反应都很强烈，阿曼达表现为愤怒，贝丝则表现为先发制人的退缩（在每次治疗快结束时，她会变得茫然无措，然后，常常忘记我们最后的约定）。她们在私生活方面的表现也截然不同：阿曼达倾向于主动与配偶发生性关系，并经常享受性生活。尽管她在坦露私生活的隐秘细节方面措辞谨慎，但她仍侃侃而谈。贝丝很少与配偶做爱，而且总是对方主动。直到治疗的最后一年，贝丝才开始谈论她的性体验。阿曼达喜欢激烈的体育运动，而且找机会结伴而行；而贝丝认为最快乐的时光莫过于一个人去钓鱼，或静静地阅读一本好书。

职业角色、对所爱的人的依恋、对他人的普遍敏感性、追求个体成长及情感成熟的努力，这些都是两人获得强烈自尊的源泉。两人都为自己度过了艰难的治疗过程，并敢于声称自己曾经是同性恋者而感到无比的自豪。但是，是否有人"控制"或利用自己，也是触动阿曼达自尊的一个问题。她常常与权威争个水落石出。如果她感到被人操纵或战胜，她的情绪会立刻一落千丈。这些问题在贝丝身上表现得并不突出，她更多地远离是非之地。当她感到被孤立、被冷落，或她喜欢的人离开她时，她会出现抑郁反应。

比较各自的病态信念，尽管她们都倾向于强调自己的缺陷与无能，但她们的感知内容各不相同。阿曼达的中心抑郁信念似乎如下所述："我是多余的。我太苛求、太烦人，我让母亲伤透了脑筋，而父亲看穿了我的缺点，并为此惩罚我。虽然我应该受到他的责难，我还是不得不尽我所能地提防他，保护我自己。我不够优秀，不能给母亲带来慰藉，最终母亲会发现这一点，并将我遗弃。人们了解了我之后就会知道我有多坏。如果我先发制人，挑出别人的缺点，也许我的缺点就不那么引人注目了。"

贝丝的中心抑郁信念似乎多少如下所述："我没法帮助母亲从悲伤及酗酒中解脱出来。我可以在父亲需要的时候卖弄自己而取悦于他，但当我这样做时，我会感到很失落，并有一种被利用的感觉。离父母越远，我的痛苦就会越轻。我可以按要求做得像一个好女孩，但我却需要创造自己的内心世界。我太坏了，因为我竟与哥哥发生令人销魂的性行为。身体的接触令我感到很舒服，但同时又令我产生罪恶感，并感到自己异于他人。如果我隐藏得够好，没有人会看出我多么无能、多么堕落。"

尽管两人的治疗都堪称经典精神分析，但二者的治疗气氛完全不同。与阿曼达结束初次访谈后，我预感可能要对其进行长期的、深入的挖掘，对此我竟感到非常激动、非常兴奋。我还注意到自己有点担心会令她失望。她强烈的情感，她注视我时的穿透力，她最初提问的深刻与尖锐，这一切令我产生了一种微妙的感觉，好像自己正与她对簿公堂。不难想象，任何注意自己形象的权威都会发现，阿曼达极具威胁性。事实上，在治疗时，当她在移情中反映出许多曾发生在她身上的痛苦往事时，我不得不时时提防自己会一不小心伤害了她或令她失望。

面对贝丝，我感到可以更沉着地思考，而无需费力防御。在初次访谈时，我注意到有一支旋律在我的脑海中流淌——卡利·西蒙（Carly Simon）伤感、绝望的演唱"总是按照应该做的那样"（That's the Way I Always Heard It Should Be）。我发现我找到了对她治疗的关键：如能与她建立既不忽视、也不利用她的关系，并同时能触及到她的愤怒和力量，那么治疗将出现转机。在与阿曼达的热烈交谈中，我有时感到不堪重负，需要卸载；与此相反，与贝丝交流时，我却有一种缺乏刺激的饥饿感。我希望穿过她那堵厚厚的退缩的墙，将她唤醒，赋予她活力。

下面是对两位患者所作的简短的病例分析，我在本书中所涉及的一些主题在此都有所体现。在病源学上，我将这些主题与每一个患者的个人史联系起来；在功能上，我将它们与患者所希望的特定治疗目标联系起来，这种目标应远远超出祛除抑郁症状。每一则分析的文字长度都正好与完整病例报告中的"动力学分析"部分相仿。下面是对阿曼达的某些动力学特点所作的简短描述："追根溯源，阿曼达幻想成为一个精力充沛且感情丰实的孩子，而母亲却偏偏处于抑郁状态，无法胜任客体角色，两者的冲突导致了她的抑郁心理，而这种冲突始于她15个月大时。她的父亲，由于性格的原因，无法从情感上补偿她母爱的缺乏，父女关系似乎只是愤怒、敌意及体罚。弟弟的出世取代了她在父母心中的优势，也强化了她的感觉，即父母未给她足够的爱。她似乎由此得出结论：她不值得被人关心，男性可以得到所有的一切，女性则只能低人一等。这种认识使她倾向于认为，表现出温柔或女人味无异于招致更多的虐待。因此她以激越、主动来抵制悲伤，因为悲伤意味着被动。她的治疗目标之一就是，认识自己脆弱的一面，可以预料这种认识会激起她对安全的焦虑。在阿曼达身上，与早期剥夺相伴的愤怒总是以随时准备对抗权威的方式跃跃欲试，在她看来，权威就是像她父亲一样不负责任而虐待他人，或者像她母亲一样自私而无能。她的另一个目标就是，学习与那些比自己强大的人相处，而不是对之寻衅滋事。"

下面是对贝丝某些主要心理问题的总结："感到自己无法帮助酗酒的母亲，并发现若不能满足自恋父亲的需要而展示自己，就压根受不到注意，这些就是导致贝丝抑郁心理的源泉。她试图与人们保持一臂之遥，以防他们打自己的主意或被人使唤、任人摆布。作为一个天性敏感、自我依恋的孩子，她认为父母都未对己倾注足够的感情。因此，她转向同样被忽视的哥哥以寻求安慰及刺激，结果却变成了性行为。贝丝为合谋乱伦而对自己万分憎恨。她以悲伤及自我谴责试图平息强烈的内心情感，包括憎恨自己对激情的依恋。她来治疗的目的是，希望变得更贴近现实，更能享受性爱，不再害怕正常的依赖愿望，减少愧疚感及退缩愿望。"

两位患者在分析中都表现良好。她们一直欣赏分析使她们生活发生的改变。每个人都能达到自己设立的治疗目标，而且还获得一些意想不到的成果（身体更健康，理财更明智，在公众面前更得体，利用时间更有效，看待朋友更理智，内心平和感增加及创造力增强等等）。她们都要求治疗师真心关怀，不品头论足，不强人所难，但是，除此之外，她们的治疗要求全然不同。阿曼达要求我经受得住她的挑衅与对抗，帮助她解除思想上的敌意以及背后隐藏的痛苦；对于我与她保持一定的界限并表达自信与权威感，她没有任何异议。贝丝要求我理解她的痛苦，倾心接受她真实的一面，并希望我能执意深入了解其自我遣责及渴望超脱的内心世界。

我希望，这些例子已阐明了治疗师如何融会贯通初始访谈中所获取的信息。在心理学上，整体总是大于部分之和。不同的治疗师对动力学分析的侧重点各不相同，正如不同的治疗师在心理治疗中会以不同的次序处理患者的各种问题一样。任何治疗的双边会谈，都创造出一种独特的两人动力学及人际空间，在此中，双方都力求诠释发生在两人间的事情。

最后的忠告

让我为读者作一简要概括：别指望仅仅通过一次会谈就能对某人的心理了如指掌。然而，当你与一个新患者交流约1小时后，你应该能对他/她的固定的归因模式、心理发育关键问题、防御方式、情感类型、身份认同、关系模式、自尊需求和病态信念等问题作一些推理性设想，并且仔细推敲你的假设，寻找支持的证据，考虑对治疗的意义。如果你曾经学过某种技术，而它对于你了解某一特定患者的上述问题毫无意义，一定要束之高阁。如果应用于不适宜的患者，那只会造成患者已无可救药的误解，或阻碍治疗的发展深入，或强化患者不恰当的防御方式，或遏制患者的真实情感，或损害患者的基本认同，或强化对患者不利的人际关系模式，或伤害患者的自尊，或强化其病态信念。

正如我在第六章中所提到的，任何治疗师特有的主观性都不可避免地存在局限性，经过时间检验而对其进行纠正，则可为自己和同事提供一个学习的机会。在治疗督导小组这样的设置中，为治疗师忽略的分析元素恰恰能为其他人所重视。我所认识的多数有良知的治疗师都定期参加这类聚会，如互相督导组、病例讨论会或由高级分析师牵头的会诊团。这种聚会为治疗师提供了一个安全的地方，使之可以在此剖析自己对患者所产生的情感反应；同时，讨论会常提供机会让治疗师们充分交流各自对临床资料的反应（Robins，1988）。因为每一个供讨论的案例都展示出某些新的问题，通过讨论可扩展治疗师的专业知识与技能，所以，此类团体可以长盛不衰。某些精神分析专业团体一直在不间断地开展活动，已达30多年之久。任何资深治疗师都应不断地了解自己及患者。

最后，应始终让患者知道，你对他们的真实情感、幻想、信念及行为的好奇不仅仅是为了证实你的分析——或是弗洛伊德、科胡特、肯伯格、米歇尔及哪个人的理论。如果治疗师极度的自恋使其不屑于承认先前的无知及误解，那么真相常常与他失之交臂，但对患者来说，真相常常是出人意料的，也会是令人痛苦的。然而，多数人最终乐意承认：良药苦口利于病。不懈追求识别并了解有关人性的缺陷，也许是精神分析运动可圈可点历史中最令人钦佩的特征。在传统精神分析面临着巨大压力，迫使要求放弃几代先哲和前驱们的真知灼见时——缄口不提他们帮助过无数患者的事实——我们所能做的最强有力的抗议就是：愿意说出真相。

附录：合同样本

欢迎光临。以下是关于心理治疗的一些基本问题。请阅读后在最下面签上您的姓名，以表明您已经仔细审核过这些条款。

治疗的长短及频率：心理治疗包括定期访谈，通常每次是45分钟。至于间隔时间及频率，则视您的心理问题性质及个人需要而定。

保密性：对于您向我提供的信息，我绝对严格保密，没有您的书面同意，我绝对不会泄露出去。然而，根据法律规定，当您自己或他人的生命受到威胁，或孩子危在旦夕（如性虐待、体罚或忽视）时，我无法保证绝对保密。如果我需要与同事讨论对您实施的治疗，我会尽力隐瞒有关您身份的信息，包括使用化名。

收费政策：我对每次个体治疗的访谈收费是_____元。如果您需要取消约定，请至少提前24小时通知我；否则，我仍可能向您收取访谈费。请注意：保险条款不包括为取消的访谈付费。

如果您带了心理健康保险卡，我将给您的投保公司开具账单，协助提供保险凭证。在许多情况下，投保公司限制访谈费用，它们并不支付我的常规收费与保险金额之间的差价。任何所需费用都应该在诊所访谈时付清。除非我们另有明确商议，否则应由您负责向保险公司索赔。

电话和急诊咨询：如果您想通过电话与我联系，请不要犹豫。如果我没能接到您的电话，我的录音器会记录下这一信息。我通常能在一天内给您回音。您无需为电话联系付费，除非是预先安排的交谈，具有信息交流或问题解决的性质，且交谈超过十分钟。我同样接受电话访谈，但此项目通常不能参保。如果在紧急情况下无法与我联系，您可以拨打当地医院的急诊电话＿＿＿＿＿＿（电话号码）获得帮助。

内科医生会诊：躯体症状与心理症状常常相互作用。如果您保证，我鼓励您自己寻求医疗咨询。此外，药物有时对心理问题也许有益。必要时，我会将您转诊给合适的医生，对您的躯体症状加以评估。

自由退出：您有权在任何时候终止治疗。如果您愿意，我将为您提供其他有资质的心理治疗师的姓名。

签字同意：我已经阅读并理解上述条款。我有机会对此提出置疑，我同意与＿＿＿＿＿＿（治疗师的姓名）建立职业性心理治疗关系。

患者

日期

参考文献

Abraham, K. (1911). Notes on the psycho-analytical investigation and treatment of manic-depressive insanity and allied conditions. In J. D. Sutherland (Ed.), *Selected papers of Karl Abraham* (pp. 137-156). London: Hogarth Press, 1968.

Acosta, F. X. (1984). *Psychotherapy with Mexican-Americans: Clinical and empirical gains.* In J. L. Martinez, Jr. & R. H. Mendoza (Eds.), *Chicano psychology* (2nd ed., pp. 163-189). New York: Academic Press.

Adler, A. (1927). *Understanding human nature.* Garden City, NY: Garden City Publishing.

Adler, A. (1931). *What life should mean to you.* Boston: Little, Brown.

Ainsworth, M. D. S., Blehar, M. C., Waters, E., & Wall, S. (1978). *Patterns of attachment: A psychological study of the strange situation.* Hillsdale, NJ: Erlbaum.

Akhtar, S. (1992). *Broken structures: Severe personality disorders and their treatment.* Northvale, NJ: Aronson.

Alexander, F. (1956). *Psychoanalysis and psychotherapy: Developments in theory, technique and training.* New York: Norton.

Allport, G. W. (1961). *Pattern and growth in personality.* New York: Holt, Rinehart & Winston.

Altman, N. (1995). *The analyst in the inner city: Race, class, and culture through a psychoanalytic lens.* Hillsdale, NJ: Analytic Press.

American Psychiatric Association. (1968). *Diagnostic and statistical manual of mental disorders* (2nd ed). Washington, DC: Author.

American Psychiatric Association. (1980). *Diagnostic and statistical manual of mental disorders* (3rd ed.). Washington, DC: Author.

American Psychiatric Association. (1987). *Diagnostic and statistical manual of mental disorders* (3rd ed., rev.). Washington, DC: Author.

American Psychiatric Association. (1994). *Diagnostic and statistical manual of mental disorders* (4th ed.). Washington, DC: Author.
Aries, P. (1962). *Centuries of childhood.* New York: Knopf.
Arkowitz, H., & Messer, S. B. (1984). *Psychoanalytic therapy and behavior therapy: Is integration possible?* New York: Plenum.
Aron, L. (1990). One-person and two-person psychologies and the method of psychoanalysis. *Psychoanalytic Psychology, 7,* 475-485.
Aron, L. (1996). *A meeting of minds: Mutuality in psychoanalysis.* Hillsdale, NJ: Analytic Press.
Atwood, G. E., & Stolorow, R. D. (1984). *Structures of subjectivity: Explorations in psychoanalytic phenomenology.* Hillsdale, NJ: Analytic Press.
Bach, S. (1985). *Narcissistic states and the therapeutic process.* New York: Aronson.
Balint, M. (1960). Primary narcissism and primary love. *Psychoanalytic Quarterly, 29,* 6-43.
Balint, M. (1968). *The basic fault: Therapeutic aspects of regression.* London: Tavistock.
Barlow, D. (1998, August 14). [Untitled paper.] In M. Patterson (Chair), *Future of the scientist-practitioner.* Symposium conducted at the 106th annual meeting of the American Psychological Association, San Francisco, CA.
Barron, J. W. (Ed.). (1998). *Making diagnosis meaningful: Enhancing evaluation and treatment of psychological disorders.* Washington, DC: American Psychological Association.
Barron, J. W., Eagle, M. N., & Wolitzky, D. L. (Eds.). (1992). *Interface of psychoanalysis and psychology.* Washington, DC: American Psychological Association.
Barron, J. W., & Sands, H. (1996). *Impact of managed care on psychodynamic treatment.* Madison, CT: International Universities Press.
Beebe, B., & Lachmann, F. M. (1988). The contribution of mother-infant mutual influence to the origins of self- and object relationships. *Psychoanalytic Psychology, 5,* 305-337.
Bellak, L. (1954). *The Thematic Apperception Test and the Children's Apperception Test in clinical use.* New York: Grune & Stratton.
Bellak, L., & Small, L. (1965). *Emergency psychotherapy and brief psychotherapy.* New York: Grune & Stratton.
Benjamin, J. (1988). *The bonds of love: Psychoanalysis, feminism, and the problem of domination.* New York: Pantheon.
Benjamin, L. S. (1993). *Interpersonal diagnosis and treatment of personality disorders.* New York: Guilford Press.
Beres, D. (1958). Vicissitudes of superego formation and superego precursors in childhood. *Psychoanalytic Study of the Child, 13,* 324-335.
Bergmann, M. S. (1987). *The anatomy of loving: The story of man's quest to know what love is.* New York: Columbia University Press.
Berliner, B. (1958). The role of object relations in moral masochism. *Psychoana-*

lytic Quarterly, 27, 38-56.

Berne, E. (1974). Transactional analysis. In H. Greenwald (Ed.), *Active psychotherapy* (pp. 119-129). New York: Aronson.

Bernstein, D. (1993). *Female identity conflict in clinical practice* (N. Freedman & B. Distler, Eds.). Northvale, NJ: Aronson.

Bettelheim, B. (1954). *Symbolic wounds: Puberty rites and the envious male.* Glencoe, IL: Free Press.

Bettelheim, B. (1960). *The informed heart: Autonomy in a mass age.* Glencoe, IL: Free Press.

Blanck, G., & Blanck, R. (1974). *Ego psychology: Theory and practice.* New York: Columbia University Press.

Blanck, G., & Blanck, R. (1979). *Ego psychology II: Psychoanalytic developmental psychology.* New York: Columbia University Press.

Blanck, R., & Blanck, G. (1986). *Beyond ego psychology: Developmental object relations theory.* New York: Columbia University Press.

Blatt, S., & Levy, K. (1998). A psychodynamic approach to the diagnosis of psychopathology. In J. W. Barron (Ed.), *Making diagnosis meaningful: Enhancing evaluation and treatment of psychological disorders* (pp. 73-110). Washington, DC: American Psychological Association.

Blechner, M. J, (Ed.). (1997). *Hope and mortality: Psychodynamic approaches to AIDS and HIV.* Mahwah, NJ: Analytic Press.

Bios, P. (1962). *On adolescence: A psychoanalytic interpretation.* New York: Free Press of Glencoe.

Bollas, C. (1987). *The shadow of the object: Psychoanalysis of the unthought known.* New York: Columbia University Press.

Bornstein, R. F. (1993). Parental representations and psychopathology: A critical review of the empirical literature. In J. M. Masling & R. F. Bornstein (Eds.), *Psychoanalytic perspectives on psychopathology* (pp. 1-41). Washington, DC: American Psychological Association.

Bornstein, R. F., & Masling, J. M. (Eds.). (1998). *Empirical perspectives on the psychoanalytic unconscious.* Washington, DC: American Psychological Association.

Bowlby, J. (1969). *Attachment and loss: Vol. 1. Attachment.* New York: Basic Books.

Bowlby, J. (1973). *Attachment and loss: Vol. 2. Separation: Anxiety and anger.* New York: Basic Books.

Bowlby, J. (1980). *Attachment and loss: Vol. 3. Loss: Sadness and depression.* New York: Basic Books.

Boyd-Franklin, N. (1989). *Black families in therapy: A multisystems approach.* New York: Guilford Press.

Brazelton, T. B., Koslowski, B., & Main, M. (1974). The origins of reciprocity: The early mother-infant interaction. In M. Lewis & L. Rosenblum (Eds.), *The effect of the infant on its caregiver* (pp. 49-76). New York: Wiley.

Brazelton, T. B., Yogman, M., Als, H., & Tronick, E. (1979). Joint regulation of neonate-parent behavior. In E. Tronick (Ed.), *Social interchange in infancy* (pp. 7-22). Baltimore: University Park Press.

Bretherton, I. (1998, October 2). *From interaffectivity and attunement to shared meanings: An attachment perspective on individual differences.* Paper presented at a conference on "Mutual Understanding," University of Crete, Rethymnon, Crete, Greece.

Bridges, K. M. B. (1931). *The social and emotional development of the pre-school child.* London: Kegan Paul.

Brooke, R. (1994). Assessment for psychotherapy: Clinical indicators of self cohesion and self pathology. *British Journal of Psychotherapy, 10,* 317-330.

Bucci, W. (1985). Dual coding: A cognitive model for psychoanalytic research. *Journal of the American Psychoanalytic Association, 33,* 571-607.

Bucci, W. (1997). *Psychoanalysis and cognitive science: A multiple code theory.* New York: Guilford Press.

Bursten, B. (1973). *The manipulator: A psychoanalytic view.* New Haven, CT: Yale University Press.

Butler, D. A. (1998). *"Unsinkable": The full story of RMS Titanic.* Mechanics- burg, PA: Stackpole Books.

Calef, V., & Weinshel, E. (1981). Some clinical consequences of introjection: Gaslighting. *Psychoanalytic Quarterly, 50,* 44-66.

Callahan, R. J., & Callahan, J. (1996). *Thought field therapy and trauma: Treatment and theory.* Indian Wells, CA: Authors.

Cardinal, M. (1983). *The words to say it.* Cambridge, MA: VanVactor & Goodheart.

Carlson, R. (1986). After analysis: A study of transference dreams following treatment. *Journal of Consulting and Clinical Psychology, 54,* 246-252.

Carotenuto, A. (Ed.). (1983). *A secret symmetry: Sabina Spielrein between Jung and Freud* (rev. ed.). New York: Pantheon.

Chessick, R. D. (1983). *How psychotherapy heals: The process of intensive psychotherapy.* Northvale, NJ: Aronson.

Clark, L. A., Watson, D., & Reynolds, S. (1995). Diagnosis and classification of psychopathology: Challenges to the current system and future directions. In J. T. Spence, J. M. Darley, & D. J. Foss (Eds.), *Annual review of psychology* (Vol. 46, pp. 121-153). Palo Alto, CA: Annual Reviews.

Cleckley, H. (1941). *The mask of sanity: An attempt to clarify some issues about the so-called psychopathic personality.* St. Louis: Mosby.

Comas-Díaz, L., & Greene, B. (Eds.). (1994). *Women of color: Integrating ethnic and gender identities in psychotherapy.* New York: Guilford Press.

Dahl, H. (1988). Frames of mind. In H. Dahl, H. Kachele, & H. Thomae (Eds.), *Psychoanalytic process research strategies* (pp. 51-66). New York: Springer-Verlag.

Davies, J. M. (1994). Love in the afternoon: A relational reconsideration of desire and dread in the countertransference. *Psychoanalytic Dialogues, 4,*153-170.

Davies, J. M., &Frawley, M. G. (1993). *Treating the adult survivor of childhood*

sexual abuse: A psychoanalytic perspective. New York: Basic Books.
Dennis, P. (1955). *Auntie Mame.* New York: Buccaneer Books, 1995.
Dowling, S., & Rothstein, A. (Eds.). (1989). *The significance of infant observational research for clinical work with children, adolescents and adults.* Madison, CT: International Universities Press.
Eissler, K. R. (1953). The effects of the structure of the ego on psychoanalytic technique. *Journal of the American Psychoanalytic Association, 1,* 104- 143.
Ekman, P. (1971). Universals and cultural differences in facial expressions of emotion. In J. Cole (Ed.), *Nebraska symposium on motivation 1971* (pp. 207- 283). Lincoln: University of Nebraska Press.
Ekman, P. (1980). *The face of man: Expressions of universal emotions in a New Guinea village.* New York: Garland STPM Press.
Elkind, S. N. (1992). *Resolving impasses in therapeutic relationships.* New York: Guilford Press.
Emde, R. N. (1990). Mobilizing fundamental modes of development: An essay on empathic availability. *Journal of the American Psychoanalytic Association, 38,* 881-914.
Emde, R. N. (1991). Positive emotions for psychoanalytic theory: Surprises from infancy research and new directions. *Journal of the American Psychoanalytic Association, 39,* 5-14.
Epstein, M. (1998). *Going to pieces without falling apart: A Buddhist perspective on wholeness (Lessons from meditation and psychotherapy).* New York: Broadway Books.
Erikson, E. H. (1950). *Childhood and society.* New York: Norton.
Erikson, E. H. (1968). *Identity: Youth and crisis.* New York: Norton.
Erikson, E. H. (1997). *The life cycle completed.* New York: Norton.
Escalona, S. K. (1968). *The roots of individuality: Normal patterns of development in infancy.* Chicago: Aldine.
Etchegoyen, R. H. (1991). *The fundamentals of psychoanalytic technique.* London: Karnac Books.
Fairbairn, W. R. D. (1952). *An object-relations theory of the personality.* New York: Basic Books.
Fast, I. (1998). *Selving: A relational theory of self organization.* Hillsdale, NJ: Analytic Press.
Fenichel, O. (1941). *Problems of psychoanalytic technique.* Albany, NY: Psychoanalytic Quarterly.
Fenichel, O. (1945). *The psychoanalytic theory of neurosis.* New York: Norton.
Fisher, S., & Greenberg, R. P. (1985). *The scientific credibility of Freud's theories and therapy.* New York: Columbia University Press.
Fossum, M. A., & Mason, M. J. (1986). *Facing shame: Families in recovery.* New York: Norton.
Foster, R. P., Moskowitz, M., & Javier, R. A. (1996). *Reaching across boundaries of culture and class: Widening the scope of psychotherapy.* Northvale, NJ:

Aronson.
Fraiberg, S. (Ed.). (1980). *Clinical studies in infant mental health: The first year of life.* New York: Basic Books.
Frank, E., Kupfer, D. J., & Siegel, L. R. (1995). Alliance not compliance: A philosophy of outpatient care. *Journal of Clinical Psychiatry, 56,* 11-17.
Frankl, V. E. (1969). *The doctor and the soul.* New York: Bantam.
Frawley-O'Dea, M. G. (1996, March 10). *Ah yes, I remember it well. Or do I?* Paper presented at the annual conference of the Institute for Psychoanalysis and Psychotherapy of New Jersey, Edison, NJ.
Freud, A. (1936). *The ego and the mechanisms of defense.* New York: International Universities Press, 1966.
Freud, A. (1970). The infantile neurosis: Genetic and dynamic considerations. In *The writings of Anna Freud* (Vol. 7, pp. 189-203). New York: International Universities Press.
Freud, S. (1894). The neuro-psychoses of defense. *Standard Edition, 3,* 45-61.
Freud, S. (1911). Formulations on the two principles of mental functioning. *Standard Edition, 12,* 218-226.
Freud, S. (1912). The dynamics of transference. *Standard Edition, 12,* 99-108.
Freud, S. (1913). On beginning the treatment (Further recommendations on the technique of psycho-analysis I). *Standard Edition, 12,* 123-144.
Freud, S. (1916). Some character-types met with in psycho-analytic work. *Standard Edition, 14,* 311-333.
Freud, S. (1917). Mourning and melancholia. *Standard Edition, 14,* 243-258.
Freud, S. (1920). Beyond the pleasure principle. *Standard Edition, 18,* 7-64.
Freud, S. (1921). Group psychology and the analysis of the ego. *Standard Edition, 18,* 105-110.
Freud, S. (1923). The ego and the id. *Standard Edition, 19,* 13-59.
Freud, S. (1926). The question of lay analysis: Conversations with an impartial person. *Standard Edition, 20,* 183-250.
Freud, S. (1933). The question of a Weltanschauung. *Standard Edition, 22,* 158- 182.
FreudS. (1940). An outline of psycho-analysis .*Standard Edition, 23,*141-207.
Freyd, J. J. (1996). *Betrayal trauma: The logic of forgetting childhood abuse.* Cambridge, MA: Harvard University Press.
Fromm, E. (1956). *The art of loving.* New York: Harper & Row.
Fromm-Reichmann, F. (1950). *Principles of intensive therapy.* Chicago: University of Chicago Press.
Frommer, M. S. (1995). Countertransference obscurity in the psychoanalytic treatment of homosexual patients. In T. Domenici & R. Lesser (Eds.), *Disorienting sexuality: Psychoanalytic reappraisals of sexual identities* (pp. 65-82). New York: Routledge.
Gabbard, G. O. (1994). Love and lust in the erotic transference. *Journal of the American Psychoanalytic Association, 42,* 385-403.
Gabbard, G. O. (1996). *Love and hate in the analytic setting.* Northvale, NJ: Aronson.

Gabbard, G. O., Lazar, S. G., Hornberger, J., & Spiegel, D. (1997). The economic impact of psychotherapy: A review. *American Journal of Psychiatry, 154,* 147-155.

Gabbard, G. O., & Lester, E. P. (1995). *Boundaries and boundary violations in psychoanalysis.* New York: Basic Books.

Gacano, C. B., & Meloy, J. R. (1994). *The Rorschach assessment of aggressive and psychopathic personalities.* Hillsdale, NJ: Erlbaum.

Galenson, E., & Roiphe, H. (1974). The emergence of genital awareness during the second year of life. In R. C. Friedman, R. M. Richart, & R. L. Van de Wides (Eds.), *Sex differences in behavior* (pp. 223-231). New York: Wiley.

Gallo, F. P. (1998). *Energy psychology: Explorations at the interface of energy, cognition, behavior, and health.* New York: CRC Press.

Gill, M. M. (1994). *Psychoanalysis in transition: A personal view.* Hillsdale, NJ: Analytic Press.

Gill, M. M., & Hoffman, I. (1982). A method for studying the analysis of aspects of the patient's experience of the relationship in psychoanalysis and psychotherapy. *Journal of the American Psychoanalytic Association, 30,*137-167.

Gitlin, M. J. (1996). *The psychotherapist's guide to psychopharmacology* (2nd ed.). New York: Free Press.

Goldberg, F. H. (1998, April 25). *Coming late may not always be resistance: Psychoanalytic therapy with adults who have attention deficit disorder.* Paper presented at the spring meeting of the Division of Psychoanalysis, American Psychological Association, Boston, MA.

Goldfried, M. R., & Wolfe, B. E. (1996). Psychotherapy practice and research: Repairing a strained alliance. *American Psychologist, 51,* 1007-1016.

Goldstein, K. (1942). *Aftereffects of brain injuries in war, their evaluation and treatment; the application of psychologic methods in the clinic.* New York: Grune.

Goleman, D. (1995). *Emotional intelligence.* New York: Bantam.

Goodheart, C. D., & Lansing, M. H. (1997). *Treating people with chronic disease: A psychological guide.* Washington, DC: American Psychological Association.

Gottesman, 1.1., & Shields, J. (1982). *Schizophrenia: The epigenetic puzzle.* Cambridge, UK: Cambridge University Press.

Greenberg, J. R., & Mitchell, S. A. (1983). *Object relations in psychoanalytic theory.* Cambridge, MA: Harvard University Press.

Greenberg, L. S., & Safran, J. D. (1987). *Emotion in psychotherapy: Affect, cognition, and the process of change.* New York: Guilford Press.

Greenson, R. R. (1967). *The technique and practice of psychoanalysis.* New York: International Universities Press.

Greenspan, S. I. (1981). *Clinical infant reports: Number 1. Psychopathology and adaptation in infancy and early childhood: Principles of clinical diagnosis and preventive intervention.* New York: International Universities Press.

Greenspan, S. I. (1989). *The development of the ego: Implications for personality*

theory, psychopathology, and the psychotherapeutic process. Madison, CT: International Universities Press.
Greenspan, S. I. (1996). *The challenging child: Understanding, raising, and enjoying the five "difficult" types of children.* New York: Addison-Wesley.
Greenspan, S. I. (1997). *Developmentally based psychotherapy.* Madison, CT: International Universities Press.
Greenwald, H. (1958). *The call girl: A sociological and psychoanalytic study.* New York: Ballantine Books.
Grier, W., & Cobbs, P. (1968). *Black rage.* New York: Basic Books.
Guntrip, H. (1969). *Schizoid phenomena, object relations and the self.* New York: International Universities Press,
Haan, N. A. (1977). *Coping and defending.* San Francisco: Jossey-Bass.
Hall, G. S. (1904). *Adolescence: Its psychology and its relation to physiology, anthropology, sociology, sex, crime, religion, and education* (Vols. 1 and 2). New York: Appleton-Century-Crofts.
Hammer, E. (1990). *Reaching the affect: Style in the psychodynamic therapies.* New York: Aronson.
Hare, R. (1978). Electrodermal and cardiovascular correlates of psychopathy. In R. Hare & D. Schalling (Eds.), *Psychopathic behavior: Approaches to research* (pp. 107-143). Chichester, UK: Wiley.
Hare, R. (1991). *The Hare Psychopathy Checklist—Revised Manual.* Toronto: Multi-Health Systems.
Haugaard, J. J., & Reppucci, N. D. (1989). *The sexual abuse of children.* San Francisco: Jossey-Bass.
Henry, W. P., Schacht, T. E., & Strupp, H. H. (1986). Structural analysis of social behavior: Application to a study of interpersonal process in differential psychotherapeutic outcome. *Journal of Counseling and Clinical Psychology, 54,* 27-31.
Herman, J. L. (1992). *Trauma and recovery: The aftermath of violence—from domestic abuse to political terror.* New York: Basic Books.
Hertsgaard, L. (1995). Adrenocortical responses to the strange situation in infants with disorganized/disoriented attachment relationships. *Child Development, 66,* 1100-1106.
Hite, A. L. (1996). The diagnostic alliance. In D. Nathanson (Ed.), *Knowing feeling: Affect, script, and psychotherapy* (pp. 37-55). New York: Norton.
Horner, A. J. (1991). *Psychoanalytic object relations therapy.* Northvale, NJ: Aronson.
Horowitz, M. (1988). *Introduction to psychodynamics: A new synthesis.* New York: Basic Books.
Horowitz, M. (1991). Psychic structure and the process of change. In M. Horowitz (Ed.), *Hysterical personality style and the histrionic personality disorder* (pp. 193-261). Northvale, NJ: Aronson.
Howard, K. I., Moras, K., Brill, P. L., Martinovich, Z., & Lutz, W. (1996). Evalu-

ation of psychotherapy: Efficacy, effectiveness, patient progress. *American Psychologist, 51,* 1059-1064.

Huang, M. Y., & Nunes, E. V. (1995). Substance induced persisting dementia and substance abuse persisting amnestic disorder. In G. O. Gabbard (Ed.), *Treatments of psychiatric disorders* (2nd ed., pp. 555-631). Washington, DC: American Psychiatric Press.

Hurvich, M. S. (1989). Traumatic moment, basic dangers and annihilation anxiety. *Psychoanalytic Psychology, 6,* 309-323.

Izard, C. E. (1971). *The face of emotion.* New York: Appleton-Century-Crofts.

Izard, C. E. (Ed.). (1979). *Emotions in personality and psychopathology.* New York: Plenum.

Jacobson, E. (1964). *The self and the object world.* New York: International Universities Press.

Jacobson, E. (1971). *Depression: Comparative studies of normal, neurotic, and psychotic conditions.* New York: International Universities Press.

Jahoda, M. (1958). *Current concepts of positive mental health.* New York: Basic Books.

Javier, R. A. (1990). The suitability of insight oriented therapy for the Hispanic poor. *American Journal of Psychoanalysis, 50,* 305-318.

Johnson, A. (1949). Sanctions for superego lacunae of adolescents. In K. R. Eissler (Ed.), *Searchlights on delinquency* (pp. 225-245). New York: International Universities Press.

Johnson, S. M. (1994). *Character styles.* New York: Norton.

Josephs, L. (1992). *Character structure and the organization of the self.* New York: Columbia University Press.

Josephs, L. (1995). *Balancing empathy and interpretation: Relational character analysis.* Northvale, NJ: Aronson.

Kagan, J. (1994). *Galen's prophecy: Temperament in human nature.* New York: Basic Books.

Kaplan, L. (1984). *Adolescence: The farewell to childhood.* New York: Simon 8c Schuster.

Karon, B. (1989). On the formation of delusions. *Psychoanalytic Psychology, 6,* 169-185.

Karon, B. (1998, August 16). *The tragedy of schizophrenia.* Paper presented at the 106th annual meeting of the American Psychological Association, San Francisco, CA.

Karon, B., & VandenBos, G. R. (1981). *Psychotherapy of schizophrenia: The treatment of choice.* New York: Aronson.

Kelly, K., & Ramundo, P. (1995). *You mean I'm not lazy, crazy, or stupid?!: A self-help book for adults with attention deficit disorder.* New York: Scribner.

Keniston, K. (1971). *Youth and dissent.* New York: Harcourt, Brace, Jovanovich.

Kernberg, O. F. (1975). *Borderline conditions and pathological narcissism.* New York: Aronson.

Kernberg, O. F. (1976). *Object relations theory and clinical psychoanalysis.* New York: Aronson.
Kernberg, O. F. (1984). *Severe personality disorders: Psychotherapeutic strategies.* New Haven, CT: Yale University Press.
Kernberg, O. F. (1992). *Aggression in personality disorders and perversions.* New Haven, CT: Yale University Press.
Kernberg, O. F. (1995). *Love relations: Normality and pathology.* New Haven, CT: Yale University Press.
Kernberg, O. F. (1997, December 6). *New developments in the diagnosis and treatment of narcissistic psychopathology.* Address given at Montefiore Medical Center, New York, NY.
Kernberg, O. F., Selzer, M. A., Koenigsberg, H. W., Carr, A. C., & Appelbaum, A. H. (1989). *Psychodynamic psychotherapy of borderline patients.* New York: Basic Books.
Kerr, J. (1993). *A most dangerous method: The story of Jung, Freud, and Sabina Spielrein.* New York: Vintage Books.
Kets de Vries, M. F. R. (1989). *Prisoners of leadership.* New York: Wiley.
Klein, M. (1946). Notes on some schizoid mechanisms. *International Journal of Psycho-Analysis, 27,* 99-110.
Klein, M. (1957). Envy and gratitude. In *Envy and gratitude and other works 1946-1963* (pp. 176-235). New York: Free Press, 1975.
Klerman, G. L., Weissman, M. M., Rounsaville, B. J., & Chevron, E. S. (1984). *Interpersonal psychotherapy of depression.* New York: Basic Books.
Kluft, R. P. (1991). Multiple personality disorder. In A. Tasman & S. M. Goldfinger (Eds.), *American Psychiatric Press review of psychiatry* (Vol. 10, pp. 161-188). Washington, DC: American Psychiatric Press.
Kobak, R., & Sceery, A. (1988). Attachment in late adolescence: Working models, affect regulation, and perception of self and others. *Child Development, 59,* 135-146.
Kohut, H. (1971). *The analysis of the self: A systematic approach to the psychoanalytic treatment of narcissistic personality disorders.* New York: International Universities Press.
Kohut, H. (1977). *The restoration of the self.* New York: International Universities Press.
Lachmann, F. M., & Lichtenberg, J. D. (1992). Model scenes: Implications for psychoanalytic treatment. *Journal of the American Psychoanalytic Association, 40,* 117-137.
Laing, R. D. (1965). *The divided self: An existential study in sanity and madness.* Baltimore: Penguin.
Lambert, M. J., & Bergin, A. E. (1994). The effectiveness of psychotherapy. In A. E. Bergin & S. L. Garfield (Eds.), *Handbook of psychotherapy and behavior change* (4th ed., pp. 467-508). New York: Wiley.
Lambert, M. J., Shapiro, D., & Bergin, A. E. (1986). The effectiveness of psy-

chotherapy. In S. Garfield & A. Bergin (Eds.), *Handbook of psychotherapy and behavior change: An empirical analysis* (pp. 157-212). New York: Wiley.

Langs, R., & Stone, L. (1980). *The therapeutic experience and its setting: A clinical dialogue.* New York: Aronson.

Lasch, C. (1984). *The minimal self: Psychic survival in troubled times.* New York: Norton.

Lasky, E. (1984). Psychoanalysts' and psychotherapists' conflicts about setting fees. *Psychoanalytic Psychology, 1,* 289-300.

Laughlin, H. P. (1967). *The neuroses.* New York: Appleton-Century-Crofts.

LeDoux, J. E. (1995). Emotion: Clues from the brain. In J. T. Spence, J. M. Darley, & D. J. Foss (Eds.), *Annual review of psychology* (Vol. 46, pp. 209- 235). Palo Alto, CA: Annual Reviews.

Lerner, H. G. (1985). *The dance of anger.* New York: Harper & Row.

Lerner, H. G. (1989). *The dance of intimacy.* New York: Harper & Row.

Lesser, R. D. (1995). Objectivity as masquerade. In T. Domenici & R. Lesser (Eds.), *Disorienting sexuality: Psychoanalytic reappraisals of sexual identities* (pp. 83- 96). New York: Routledge.

Levenson, E. A. (1972). *The fallacy of understanding: An inquiry into the changing structure of psychoanalysis.* New York: Basic Books.

Levin, J. D. (1987). *Treatment of alcoholism and other addictions: A self psychology approach.* Northvale, NJ: Aronson.

Levinson, D. J., Darrow, C. N., Klein, E.B., Levinson, M. H., & McKee, B. (1978). *The seasons of a man's life.* New York: Knopf.

Lewis, D. O., Pincus, J. H., Bard, B., Richardson, E., Prichep, L. S., Feldman, M., & Yaeger, C. (1988). Neuropsychiatric, psychoeducational, and family characteristics of 14 juveniles condemned to death in he United States. *American Journal of Psychiatry, 145,* 584-589.

Lewis, D. O., Pincus, J. H., Feldman, M., Jackson, L., & Bard, B. (1986). Psychiatric, neurological, and psychoeducational characteristics of 15 death row inmates in the Unites States. *American Journal of Psychiatry, 143,* 838-845.

Lewis, H. B. (1971). *Shame and guilt in neurosis.* New York: International Universities Press.

Lichtenberg, J, D. (1983). *Psychoanalysis and infant research.* Hillside, NJ: Analytic Press.

Lichtenberg, J. D. (1989). *Psychoanalysis and motivation.* Hillsdale, NJ: Analytic Press.

Lichtenberg, J. D., Lachmann, F., & Fossage, J. (1992). *Self and motivational systems: Toward a theory of psychoanalytic technique.* Hillsdale, NJ: Analytic Press.

Lifton, R. J. (1968). *Death in life: Survivors of Hiroshima.* New York: Random House.

Lipsey, M. W., & Wilson, D. B. (1993). The efficacy of psychological, educational, and behavioral treatment: Confirmation from meta-analysis. *American*

Psychologist, 48, 1181-1209.
Liss-Levinson, N. (1990). Money matters and the woman analyst: In a different voice. *Psychoanalytic Psychology, 7,* 119-130.
Loewald, H. W. (1957). On the therapeutic action of psychoanalysis. In *Papers on psycho-analysis* (pp. 221-256). New Haven, CT: Yale University Press, 1980.
Lovinger, R. J. (1984). *Working with religious issues in therapy.* New York: Aronson.
Luborsky, L., & Crits-Christoph, P. (1998). *Understanding transference: The core conflictual relationship theme* (2nd ed.). Washington, DC: American Psychological Association.
Luborsky, L., Singer, B., & Luborsky, L. (1975). Comparative studies of psychotherapies: Is it true that "Everyone has won and all must have prizes"? *Archives of General Psychiatry, 32,* 995-1008.
Lynd, H. M. (1958). *On shame and the search for identity.* New York: Harcourt, Brace & World.
MacEdo, S. (1991). *Liberal virtues: Citizenship, virtue, and community in liberal constitutionalism.* London: Oxford University Press.
MacKinnon, R. A., & Michels, R. (1971). *The psychiatric interview in clinical practice.* Philadelphia: Saunders.
Mahler, M. S. (1968). *On human symbiosis and the vicissitudes of individuation.* New York: International Universities Press.
Mahler, M. S. (1971). A study of the separation-individuation process and its possible application to borderline phenomena in the psychoanalytic situation. In *The selected papers of Margaret S. Mahler* (Vol. 2, pp. 169-187). New York: Aronson, 1979.
Mahler, M. S., Pine, F., & Bergman, A. (1975). *The psychological birth of the human infant.* New York: Basic Books.
Main, M., Kaplan, N., & Cassidy, J. (1985). Security in infancy, childhood, and adulthood: A move to the level of representation. *Monographs of the Society for Research in Child Development,* 50(1-2, Serial No. 209).
Main, M., & Solomon, J. (1986). Discovery of an insecure disorganized/disoriented attachment pattern: Procedures, findings and theoretical implications. In T. Brazelton & M. Yogman (Eds.), *Affective development in infancy* (pp. 95-124). Norwood, NJ: Ablex.
Malan, D. H. (1976). *The frontier of brief psychotherapy.* New York: Plenum.
Masling, J. M. (Ed.). (1983). *Empirical studies of psychoanalytic theories* (Vol. 1). Hillsdale, NJ: Analytic Press.
Masling, J. M. (Ed.). (1986). *Empirical studies of psychoanalytic theories* (Vol. 2). Hillsdale, NJ: Analytic Press.
Masling, J. M. (Ed.). (1990). Empirical studies of psychoanalytic theories (Vol. 3). Hillsdale, NJ: Analytic Press.
Masterson, J. F. (1976). *Psychotherapy of the borderline adult: A developmental approach.* New York: Brunner/Mazel.
McDougall, J. (1989). *Theaters of the body: A psychoanalytic approach to psy-*

chosomatic illness. New York: Norton.

McFarlane, A. C., & van der Kolk, B. A. (1996). Trauma and its challenge to society. In B. A. van der Kolk, A. C. McFarlane, & L. Weisaeth (Eds.), *Traumatic stress: The effects of overwhelming experience on mind, body, and society* (pp. 24-46). New York: Guilford Press.

McGoldrick, M., Giordano, J., & Pearce, J. K. (Eds.). (1996). *Ethnicity and family therapy* (2nd ed.). New York: Guilford Press.

McGuire, W. (Ed.). (1974). *The Freud/Jung letters: The correspondence between Sigmund Freud and C. G. Jung* (R. Manheim & R. F. C. Hull, Trans.). Princeton, NJ: Princeton University Press.

McWilliams, N. (1984). The psychology of the altruist. *Psychoanalytic Psychology, 1,* 193-213.

McWilliams, N. (1994). *Psychoanalytic diagnosis: Understanding personality structure in the clinical process.* New York: Guilford Press.

McWilliams, N. (1996). Therapy across the sexual orientation boundary: Reflections of a heterosexual female analyst on working with lesbian, gay, and bisexual patients. *Gender and Psychoanalysis, 1,* 203-221.

McWilliams, N. (1998). Relationship, subjectivity, and inference in diagnosis. In J. W. Barron (Ed.), *Making diagnosis meaningful: Enhancing evaluation and treatment of psychological disorders* (pp. 197-226). Washington, DC: American Psychological Association.

Meehl, P. E. (1990). Toward an integrated theory of schizotaxia, schizotypy, and schizophrenia. *Journal of Personality Disorders, 4,* 1-9.

Meissner, W. W. (1978). *The paranoid process.* New York: Aronson.

Meissner, W. W. (1984). *The borderline spectrum: Differential diagnosis and developmental issues.* New York: Aronson.

Meissner, W. W. (1991). *What is effective in psychoanalytic therapy: A move from interpretation to relation.* Northvale, NJ: Aronson.

Meloy, J. R. (1988). *The psychopathic mind: Origins, dynamics, and treatment.* Northvale, NJ: Aronson.

Meloy, J. R. (1992). *Violent attachments.* Northvale, NJ: Aronson.

Meloy, J. R. (1995). Antisocial personality disorder. In G. O. Gabbard (Ed.), *Treatments of psychiatric disorders* (2nd ed., Vol. 2, pp. 2273-2290). Washington, DC: American Psychiatric Press.

Menaker, E. (1953). Masochism—A defense reaction of the ego. *Psychoanalytic Quarterly, 22,* 205-220.

Menaker, E. (1995). *The freedom to inquire: Self psychological perspectives on women's issues, masochism, and the therapeutic relationship.* Northvale, NJ: Aronson.

Messer, S. B. (1994). Adapting psychotherapy outcome research to clinical reality. *Journal of Psychotherapy Integration, 4,* 280-282.

Messer, S. B., & Warren, C. S. (1995). *Models of brief psychodynamic therapy: A comparative approach.* New York: Guilford Press.

Messer, S. B., & Winokur, M. (1980). Some limits to the integration of psychoanalytic and behavior therapy. *American Psychologist, 35,* 818-827.
Messer, S. B., & Wolitzky, D. L. (1997). The traditional psychoanalytic approach to case formulation. In T. D. Eells (Ed.), *Handbook of psychotherapy case formulation* (pp. 26-57). New York: Guilford Press.
Miller, A. (1975). *Prisoners of childhood: The drama of the gifted child and the search for the true self.* New York: Basic Books.
Millon, T. (1981). *Disorders of personality: DSM-III: Axis II.* New York: Wiley.
Mitchell, S. A. (1993). *Hope and dread in psychoanalysis.* New York: Basic Books.
Mitchell, S. A. (1997). *Influence and autonomy in psychoanalysis.* Hillsdale, NJ: Analytic Press.
Mitchell, S. A., & Black, M. J. (1995). *Freud and beyond: A history of modern psychoanalytic thought.* New York: Basic Books.
Modell, A. H. (1975). A narcissistic defense against affects and the illusion of self-sufficiency. *International Journal of Psycho-Analysis, 56,* 275-282.
Money, J. (1988). *Gay, straight, and in-between: The sexology of erotic orientation.* New York: Oxford University Press.
Morgan, A. C. (1997). The application of infant research to psychoanalytic theory and therapy. *Psychoanalytic Psychology, 14,* 315-336.
Morrison, A. P. (1989). *Shame: The underside of narcissism.* Hillsdale, NJ: Analytic Press.
Morrison, J. (1997). *When psychological problems mask medical disorders: A guide for psychotherapists.* New York: Guilford Press.
Moskowitz, M., Monk, C., Kaye, C., & Ellman, S. J. (Eds.). (1997). *The neurobiological and developmental basis for psychotherapeutic intervention.* Northvale, NJ: Aronson.
Mueller, W. J., & Aniskiewitz, A. S. (1986). *Psychotherapeutic intervention in hysterical disorders.* Northvale, NJ: Aronson.
Myers, W. (1984). *Dynamic therapy of the older patient.* New York: Aronson.
Nathan, P. E. (1998). DSM-IV and its antecedents: Enhancing syndromal diagnosis. In J. W. Barron (Ed.), *Making diagnosis meaningful: Enhancing evaluation and treatment of psychological disorders* (pp. 3-27). Washington, DC: American Psychological Association.
Nathanson, D. L. (1990). Project for the study of emotion. In R. A. Glick & S. Bone (Eds.), *Pleasure beyond the pleasure principle: The role of affect in motivation* (pp. 81-110). New Haven, CT: Yale University Press.
Nathanson, D. L. (1992). *Shame and pride: Affect, sex, and the birth of the self.* New York: Norton.
Nemiah, J. C. (1973). *Foundations of psychopathology.* New York: Aronson.
Nemiah, J. C. (1978). Alexithymia and psychosomatic illness. *Journal of Continuing Education in Psychiatry,* 25-37.
Nemiah, J., C., & Sifneos, P. E. (1970). Psychosomatic illness: A problem in communication. *Psychotherapy and Psychosomatics, 18,* 154-160.

Ogden, T. H. (1986). *The matrix of the mind: Object relations and the psychoanalytic dialogue.* Northvale, NJ: Aronson.

Orange, D. M. (1995). *Emotional understanding: Studies in psychoanalytic epistemology.* New York: Guilford Press.

Orange, D. M., Atwood, G. E., & Stolorow, R. D. (1997). *Working inter- subjectively: Contextualism in psychoanalytic practice.* Hillsdale, NJ: Analytic Press.

O'Reilly, J. (1972, Spring). The housewife's moment of truth. Ms., pp. 54-59. [Reprinted in *Ms.* (1997, September/October), pp. 16-18.]

Ornstein, P., & Ornstein, A. (1985). Clinical understanding and explaining: The empathic vantage point. In A. Goldberg (Ed.), *Progress in self psychology* (Vol. 1, pp. 43-61). New York: Guilford Press.

Osofsky, J. D. (1995). The effects of exposure to violence on young children. *American Psychologist, 30,* 782-789.

Osofsky, H. J., & Diamond, M. O. (1988). The transition to parenthood: Special tasks and risk factors for adolescent parents. In G. Y. Michaels & W. A. Goldberg (Eds.), *The transition to parenthood: Current theory and research* (pp. 209-234). Cambridge, UK: Cambridge University Press.

Othmer, E., & Othmer, S. C. (1989). *The clinical interview: Using DSM-III-R.* Washington, DC: American Psychiatric Press.

Pally, R. (1998). Emotional processing: The mind-body connection. *International Journal of Psycho-Analysis, 79,* 349-362.

Parkerton, K. (1987). When psychoanalysis is over: An exploration of the psychoanalyst's subjective experience and actual behavior related to the loss of patients at termination and afterward. Unpublished doctoral dissertation, Graduate School of Applied and Professional Psychology, Rutgers University. *Dissertation Abstracts International, 49,* 2790B.

Parloff, M. B. (1982). Psychotherapy research evidence and reimbursement decisions: Bambi meets Godzilla. *American Journal of Psychiatry, 139,* 718- 727.

Pennebaker, J. W. (1997). *Opening up: The healing power of expressing emotions.* New York: Guilford Press.

Person, E. S. (1988). *Dreams of love and fateful encounters.* New York: Norton.

Persons, J. B (1991). Psychotherapy outcome studies do not accurately represent current models of psychotherapy. *American Psychologist, 46,* 99-106.

Piaget, J. (1937). *The construction of reality in the child.* New York: Basic Books.

Pine, F. (1985). *Developmental theory and clinical process.* New York: Basic Books.

Pine, F. (1990). *Drive, ego, object, and self: A synthesis for clinical work.* New York: Basic Books.

Pinsker, H. (1997). *A primer of supportive psychotherapy.* Hillsdale, NJ: Analytic Press.

Pope, K. S. (1989). Therapist-patient sex syndrome: A guide for attorneys and subsequent therapists. In G. O. Gabbard (Ed.), *Sexual exploitation in professional relationships* (pp. 39-55). Washington, DC: American Psychiatric Press.

Pruyser, P. W. (1979). *The psychological examination: A guide for clinicians.* New York: International Universities Press.
Putnam, F. W. (1989). *Diagnosis and treatment of multiple personality disorder.* New York: Guilford Press.
Racker, H. (1968). *Transference and countertransference.* New York: International Universities Press.
Rank, O. (1945). *Will therapy and truth and reality.* New York: Knopf.
Rapee, R. M. (1998). *Overcoming shyness and social phobia: A step-by-step guide (clinical application of evidence-based psychotherapy).* Northvale, NJ: Aronson.
Rasmussen, A. (1988). Chronically and severely battered women: A psychodiagnostic investigation. Unpublished doctoral dissertation. Graduate School of Applied and Professional Psychology, Rutgers University. *Dissertation Abstracts International, 50,* 2634B.
Redlich, F. D. (1957). The concept of health in psychiatry. In A. H. Leighton, J. A. Clausen, & R. N. Wilson (Eds.), *Explorations in social psychiatry* (pp. 138-164). New York: Basic Books.
Reich, W. (1933). *Character analysis.* New York: Farrar, Straus, & Giroux, 1972.
Reik, T. (1948). *Listening with the third ear.* New York: Grove.
Richards, H. J. (1993). *Therapy of the substance abuse syndromes.* Northvale, NJ: Aronson.
Robbins, A. (Ed.). (1988). *Between therapists: The processing of transference/countertransference material.* New York: Human Sciences Press.
Robins, L. (1966). *Deviant children grown up: A sociological and psychiatric study of sociopathic personality.* Baltimore: Williams & Wilkins.
Rockland, L. H. (1992a). *Supportive therapy: A psychodynamic approach.* New York: Basic Books.
Rockland, L. H. (1992b). *Supportive therapy for borderline patients: A psychodynamic approach.* New York: Guilford Press.
Rogers, C. R. (1951). *Client-centered therapy: Its current practice, implications, and theory.* Boston: Houghton Mifflin.
Rogers, C. R. (1961). *On becoming a person.* Boston: Houghton Mifflin.
Roland, A. (1981). Induced emotional reactions and attitudes in the psychoanalyst as transference and in actuality. *Psychoanalytic Review, 68,* 45-74.
Roland, A. (1988). *In search of self in India and Japan: Toward a cross-cultural psychology.* Princeton, NJ: Princeton University Press.
Rosenblatt, A. D. (1985). The role of affect in cognitive psychology and psychoanalysis. *Psychoanalytic Psychology, 2,* 85-97.
Rosenthal, D. (1966). *Experimenter effects in behavioral research.* New York: Appleton-Century-Crofts.
Rosenthal, D. (1971). *Genetics of psychopathology.* New York: McGraw-Hill.
Roth, A., & Fonagy, P. (1995, February). *Research on the efficacy and effectiveness of the psychotherapies* (National Health Service Report). London: National Health Services.

Rothstein, A. (1980). *The narcissistic pursuit of perfection.* New York: International Universities Press.
Rowe, C. E., & Maclsaac, D. S. (1989). *Empathic attunement: The "technique" of psychoanalytic self psychology.* Northvale, NJ: Aronson.
Sacks, O. (1990). *Awakenings.* New York: HarperCollins.
Salzman, L. (1980). *Treatment of the obsessive personality.* New York: Aronson.
Sander, L. (1980). New knowledge about the infant from current research: Implications for psychoanalysis. *Journal of the American Psychoanalytic Association, 28,* 181-198.
Sandler, J., & Rosenblatt, B. (1962). The concept of the representational world. *Psychoanalytic Study of the Child, 17,* 128-145.
Sass, L. A. (1992). *Madness and modernism: Insanity in the light of modern art, literature, and thought.* New York: Basic Books.
Saul, L. (1971). *Emotional maturity* (2nd ed.). Philadelphia: Lippincott.
Schafer, R. (1968). *Aspects of internalization.* New York: International Universities Press.
Schafer, R. (1992). *Retelling a life.* New York: Basic Books.
Scharff, D., & Scharff, J. S. (1987). *Object relations family therapy.* Northvale, NJ: Aronson.
Scharff, D., & Scharff, J. S. (1992). *Object relations couple therapy.* Northvale, NJ: Aronson.
Schneider, K. J. (1998). Toward a science of the heart: Romanticism and the revival of psychology. *American Psychologist, 53,* 277-289.
Schofield, W. (1986). *Psychotherapy: The purchase of friendship.* New Brunswick, NJ: Transaction Books.
Schore, A. N. (1994). *Affect regulation and the origin of the self: The neurobiology of emotional development.* New York: Erlbaum.
Schore, A. N. (1997). A century after Freud's Project: Is a rapprochement between psychoanalysis and neurobiology at hand? *Journal of the American Psychoanalytic Association, 45,* 807-840.
Schwartz, R. H. (1991). Heavy marijuana use and recent memory impairment. *Psychiatric Annals, 23,* 80-82.
Searles, H. F. (1959). Oedipal love in the countertransference. In *Collected papers on schizophrenia and other subjects* (pp. 284-303). New York: International Universities Press, 1965.
Sears, R. R., Rau, L., & Alpert, R. (1965). *Identification and child rearing.* Stanford, CA: Stanford University Press.
Seligman, M. (1995). The effectiveness of psychotherapy: The *Consumer Reports* study. *American Psychologist, 50,* 1017-1024.
Seligman, M. (1996). Science as the ally of practice. *American Psychologist, 51,* 1072-1079.
Shane, M., Shane, E., & Gales, M. (1997). *Intimate attachments: Toward a new self psychology.* New York: Guilford Press.

Shapiro, D. (1965). *Neurotic styles.* New York: Basic Books.
Shapiro, F. (1989). *Eye movement desensitization and reprocessing: Basic principles, protocols, and procedures.* New York: Guilford Press.
Share, L. (1994). *If someone speaks, it gets lighter: Dreams and the reconstruction of infant trauma.* Hillsdale, NJ: Analytic Press.
Sifneos, P. E. (1973). The prevalence of "alexithymic" characteristics in psychosomatic patients. *Psychotherapy and Psychosomatics, 22,* 255-262.
Silverman, D. K. (1998). The tie that binds: Affect regulation, attachment, and psychoanalysis. *Psychoanalytic Psychology, 15,* 187-212.
Silverman, L. H. (1984). Beyond insight: An additional necessary step in redressing intrapsychic conflict. *Psychoanalytic Psychology, 1,* 215-234.
Silverman, L. H., Lachmann, F. M., & Milich, R. (1982). *The search for oneness.* New York: International Universities Press.
Singer, E. (1970). *Key concepts in psychotherapy* (2nd ed.). New York: Basic Books.
Slade, A. (1996). Longitudinal studies and clinical psychoanalysis: A view from attachment theory and research. *Journal of Clinical Psychoanalysis, 5,* 112-123.
Smith, M., Glass, G., & Miller, T. (1980). *The benefits of psychotherapy.* Baltimore, MD: Johns Hopkins University Press.
Socarides, D. D., & Stolorow, R. D. (1984-1985). Affects and selfobjects. *Annual of Psychoanalysis, 12/13,* 105-119.
Spence, D. P. (1982). *Narrative truth and historical truth: Meaning and interpretation in psychoanalysis.* New York: Norton.
Spezzano, C. (1993). *Affect in psychoanalysis: A clinical synthesis.* Hillsdale, NJ: Analytic Press.
Spiegel, D., Bloom, J., Kraemer, H., & Gottheil, E. (1989). Effects of psychosocial treatment on survival of patients with metastatic breast cancer. *The Lancet, ii* (8668), 888-891.
Spitz, R. (1945). Hospitalism. An inquiry into the genesis of psychiatric conditions in early childhood. *Psychoanalytic Study of the Child, 1,* 53-74.
Stark, M. (1994). *Working with resistance.* Northvale, NJ. Aronson.
Stern, D. B. (1997). *Unformulated experience: From dissociation to imagination in psychoanalysis.* Hillsdale, NJ: Analytic Press.
Stern, D. N. (1985). *The interpersonal world of the infant: A view from psychoanalysis and developmental psychology.* New York: Basic Books.
Stern, D. N. (1995). *The motherhood constellation: A unified view of parent- infant psychotherapy.* New York: Basic Books.
Stolorow, R. D. (1975). The narcissistic function of masochism (and sadism). *International Journal of Psycho-Analysis, 56,* 441-448.
Stolorow, R. D., & Atwood, G. E. (1979). *Faces in a cloud. Subjectivity in personality theory.* New York: Aronson. (Rev. ed. 1993.)
Stolorow, R. D., & Atwood, G. E. (1992). *Contexts of being: The intersubjective foundations of psychological life.* Hillsdale, NJ: Analytic Press.
Stolorow, R. D., Brandschaft, B. & Atwood, G. E. (1987). *Psychoanalytic treatment:*

An intersubjective approach. Hillsdale, NJ: Analytic Press.

Stolorow, R. D., & Lachmann, F. M.(1980). *Psychoanalysis of developmental arrests: Theory and treatment.* New York: International Universities Press.

Stosney, S. (1995). *Treating attachment abuse: A compassionate approach.* New York: Springer.

Strachey, J. (1934). The nature of the therapeutic action of psycho-analysis. *International Journal of Psycho-Analysis, 15,* 127-159.

Strieker, G. (1996, October 24). Untitled address to faculty and students at the Graduate School of Applied and Professional Psychology, Rutgers University, Piscataway, NJ.

Strupp, H. H. (1996). The tripartite model and the *Consumer Reports* study. *American Psychologist, 51,* 1017-1024.

Sue, D. W., & Sue, D. (1990). *Counseling the culturally different: Theory and practice* (2nd ed.). New York: Wiley.

Sulloway, F. J. (1979). *Freud, biologist of the mind: Beyond the psychoanalytic legend.* New York: Basic Books.

Sullivan, H. S. (1947). *Conceptions of modern psychiatry.* New York: Norton.

Sullivan, FI. S. (1953). *Interpersonal theory of psychiatry.* New York: Norton.

Sullivan, H. S. (1954). *The psychiatric interview.* New York: Norton.

Terr, L. (1992). *Too scared to cry: Psychic trauma in childhood.* New York: HarperCollins.

Terr, L. (1993). *Unchained memories: True stories of traumatic memories, lost and found.* New York: Basic Books.

Thomas, A., Chess, S., & Birch, H. G. (1968). *Temperament and behavior disorders in children.* New York: New York University Press.

Thompson, C. L. (1996). The African-American patient in psychodynamic treatment. In R. P. Foster, M. Moskowitz, & R. A. Javier (Eds.), *Reaching across boundaries of culture and class: Widening the scope of psychotherapy* (pp. 115-142). Northvale, NJ: Aronson.

Tomkins, S. S. (1962). *Affect, imagery, consciousness: Vol. 1. The positive affects.* New York: Springer.

Tomkins, S. S. (1963). *Affect, imagery, consciousness: Vol. 2. The negative affects.* New York: Springer.

Tomkins, S. S. (1982). Affect theory. In P. Ekman (Ed.), *Emotion in the human face* (2nd ed., pp. 353-395). New York: Cambridge University Press.

Tomkins, S. S. (1991). *Affect, imagery, consciousness: Vol. 3. The negative affects: Anger and fear.* New York: Springer.

Trevarthen, C. (1980). The foundations of intersubjectivity: Development of interpersonal and cooperative understanding in infants. In D. R. Olsen (Ed.), *The social foundation of language and thought: Essays in honor of Jerome Bruner* (pp. 316-342). New York: Norton.

Trevino, F., & Rendon, M. (1994). Mental health of Latinos in the United States. In C. Molina & M. Molina-Aguirre (Eds.), *Latino health in the United States: A*

growing challenge (pp. 447-475). Washington, DC: American Public Health Association.
Tronick, E., Als, H., & Brazelton, T. B. (1977). The infant's capacity to regulate mutuality in face-to-face interaction. *Journal of Communication, 27,* 74- 80.
Trop, J. L. (1988). Erotic and eroticized transference—A self psychology perspective. *Psychoanalytic Psychology, 5,* 269-284.
Tyson, P., & Tyson, R. L. (1990). *Psychoanalytic theories of development: An integration.* New Haven, CT: Yale University Press.
Vaillant, G. E. (1971). Theoretical hierarchy of adaptive ego mechanisms. *Archives of General Psychiatry, 24,* 107-118.
Vaillant, G. E. (1977). *Adaptation to life.* Boston: Little, Brown.
Vaillant, G. E. (1992). *Ego mechanisms of defense.* Washington, DC: American Psychiatric Press.
Vaillant, G. E., & McCullough, L. (1998). The role of ego mechanisms of defense in the diagnosis of personality disorders. In J. W. Barron (Ed.), *Making diagnosis meaningful: Enhancing evaluation and treatment of psychological disorders* (pp. 139-158). Washington, DC: American Psychological Association.
VandenBos, G. R., (Ed.). (1986). Psychotherapy research: A special issue. *American Psychologist, 41,* 111-112.
VandenBos, G. R. (Ed.). (1996). Outcome assessment of psychotherapy [Special issue]. *American Psychologist, 51,*
van der Kolk, B. A. (1994). The body keeps the score: Memory and the evolving psychobiology of posttraumatic stress. *Harvard Review of Psychiatry, 1,* 253-265.
Vaughan, S. C. (1997). *The talking cure: The science behind psychotherapy.* New York: Putnam.
Viorst, J. (1986). *Necessary losses: The loves, illusions, dependencies and impossible expectations that all of us have to give up in order to grow.* New York: Simon & Schuster.
Wachtel, P. L. (1977). *Psychoanalysis and behavior therapy: Toward an integration.* New York: Basic Books.
Wachtel, P. L., & Messer, S. B. (1997). *Theories of psychotherapy: Origins and evolution.* Washington, DC: American Psychological Association.
Waelder, R. (1960). *Basic theory of psychoanalysis.* New York: International Universities Press.
Wallerstein, J. S., & Blakeslee, S. (1989). *Second chances: Men, women, and children a decade after divorce.* New York: Ticknor & Fields.
Wallerstein, R. S. (1986). *Forty-two lives in treatment: A study of psychoanalysis and psychotherapy.* New York: Guilford Press.
Watson, J. B. (1925). *Behaviorism.* New York: People's Institute Publishing Co.
Weinstock, A. (1967). A longitudinal study of social class and defense. *Journal of Consulting Psychology, 31,* 539-541.
Weiss, J. (1993). *How psychotherapy works: Process and technique.* New York:

Guilford Press.

Weiss, J., Sampson, H., & the Mount Zion Psychotherapy Research Group. (1986). *The psychoanalytic process: Theory, clinical observations, and empirical research.* New York: Guilford Press.

Welch, B. L. (1998, August 15). *The assault on managed care: Why long-term intensive treatment will survive.* Paper presented at the 106th annual meeting of the American Psychological Association, San Francisco, CA.

Westen, D. (1998). Case formulation and personality diagnosis: Two processes or one? In J. W. Barron (Ed.), *Making diagnosis meaningful: Enhancing evaluation and treatment of psychological disorders* (pp. 111-137). Washington, DC: American Psychological Association.

Whitson, G. (1996). Working-class issues. In R. P. Foster, M. Moskowitz, & R. A. Javier (Eds.), *Reaching across boundaries of culture and class: Widening the scope of psychotherapy* (pp. 143-157). Northvale, NJ: Aronson.

Wilson, A, (1995). Mapping the mind in relational psychoanalysis: Some critiques, questions, and conjectures. *Psychoanalytic Psychology, 12,* 9-30.

Wilson, A., & Prillaman, J. (1997). Early development and disorders of internalization. In Moskowitz, M., Monk, C., Kaye, C., & Ellman, S. J. (Eds.), *The neurobiological basis for psychotherapeutic intervention* (pp. 189-233). Northvale, NJ: Aronson.

Winnicott, D. W. (1965). *The maturational process and the facilitating environment.* New York: International Universities Press.

Wolf, E. (1988). *Treating the self: Elements of clinical self psychology.* New York: Guilford Press.

Wolff, P. H. (1970). *The developmental psychologies of Jean Piaget and psychoanalysis.* New York: International Universities Press.

Wolff, P. H. (1996). The irrelevance of infant observation for psychoanalysis. *Journal of the American Psychoanalytic Association, 44,* 369-392.

Zeanah, C., Anders, T., Seifer, R., & Stern, D. N. (1989). Implications of research on infant development for psychodynamic theory and practice. *Journal of the American Academy of Child and Adolescent Development, 28,* 657-668.

Zimbardo, P. G. (1990). *Shyness: What it is, what to do about it.* New York: Perseus Press.

Zubin, J., & Spring, B. (1977). Vulnerability—a new view of schizophrenia. *Journal of Abnormal Psychology, 86,* 103-126.